全国少数民族优秀图书出版资金资助项目

新型农民培训丛书

# 西瓜甜瓜栽培技术百问百答

农业部农民科技教育培训中心
中央农业广播电视学校
组编

中国农业大学出版社

编　者　陈先荣　丁建军　齐士发

审　稿　赵晨霞　王青立　罗建国　王海波　陈肖安

# 新型农民培训丛书编委会

# 内容提要

本书从实用技术角度出发，介绍了国内外西瓜甜瓜生产概述，优质西瓜甜瓜质量标准、品种的选择、生产环境条件及栽培关键技术、病虫害综合防治技术等。

# 编写说明

西瓜甜瓜生产在世界园艺业中占有重要地位，特别是西瓜的面积和产量在世界十大水果中仅次于葡萄、香蕉、柑橘和苹果，居第五位，甜瓜产量和面积居第九位。中国的西瓜甜瓜产业目前在生产面积和产量上均居世界第一，占世界总面积和总产量的45%以上。由于西瓜甜瓜营养丰富，具有治疗和保健等药用价值，深受消费者的喜爱。西瓜甜瓜生产周期短，种植效益高，已经成为我国各地调整农业生产结构，发展特色农业，增加农民收入，促进农业增效的产业之一。

现代农业和社会主义新农村建设需要一大批有文化、懂技术、会经营、能示范的新型农民，更需要改变传统栽培技术、经营理念的方法和意识。因此，急需一本集优质西瓜甜瓜品种选用、品种选择、生产环境条件及栽培关键技术、病虫害综合防治技术等为一体的通俗易懂、指导性强的新型农民培训教材，因此我们组织有关专家编著了《西瓜甜瓜栽培技术百问百答》一书，作为新型农民培训丛书之一。

本书技术先进科学、简明实用、指导性强，可供专门从事西瓜甜瓜生产的技术推广人员、管理人员及生产一线农民朋友学习使用，也可供农业职业院校相关专业的师生阅读参考。

由于编写任务紧、时间仓促，编著者水平所限，本书难免有不妥之处，敬请广大读者提出指正意见。

农业部农民科技教育培训中心

中央农业广播电视学校

2008年12月

# 目　录


一、西瓜甜瓜生产概述 …………………………………………（1）

（一）生产概述……………………………………………………（1）

1. 西瓜甜瓜产业的发展现状如何？今后有怎样的发展趋势？……………………………………………………（1）

2. 西瓜甜瓜栽培的主要分布地区有哪些？…………（2）

3. 西瓜有哪些类型？各有什么特点？………………（3）

4. 甜瓜有哪些类型？各有什么特点？………………（4）

5. 西瓜生产选用什么品种好？…………………………（5）

6. 如何选择甜瓜生产品种？……………………………（7）

7. 常见厚皮甜瓜品种有哪些？…………………………（8）

8. 西瓜甜瓜的生育特点是什么？………………………（14）

9. 不同生育期的西瓜甜瓜对环境条件有哪些反应？……………………………………………………（15）

10. 西瓜甜瓜最适宜在哪些季节栽培？ ………………（16）

（二）绿色食品西瓜甜瓜生产知识……………………………（16）

11. 什么叫绿色食品？绿色食品有哪些类型？ ………（16）

12. 为什么要发展绿色食品生产 ………………………（19）

13. 我国绿色食品发展现状如何？制定有哪些标准和级别？ ……………………………………………（20）

14. 绿色食品产品的卫生标准是什么？ …………………（21）
15. 生产绿色食品对土壤、水质和大气环境各有哪些要求？ …………………（22）
16. 西瓜甜瓜施肥应注意哪些问题？ …………………（22）
17. 怎样防止农药对西瓜甜瓜的污染？ …………………（23）
18. 如何对绿色食品西瓜甜瓜进行病虫害综合防治？ …………………（23）
19. 怎样申请绿色食品标志？ …………………（24）
二、西瓜甜瓜露地栽培 …………………（26）
20. 露地栽培的西瓜甜瓜如何选择品种？ …………………（26）
21. 露地西瓜甜瓜栽培怎样合理安排茬口？ …………………（27）
22. 如何确定西瓜甜瓜露地生产的适宜播种期？ …………（28）
23. 怎样进行西瓜甜瓜的选地？ …………………（28）
24. 西瓜甜瓜对整地做畦有什么要求？西瓜甜瓜的开沟做畦方式有几种？ …………………（28）
25. 西瓜甜瓜如何施基肥？ …………………（29）
26. 怎样进行西瓜甜瓜龟背式整地？ …………………（30）
27. 怎样进行西瓜甜瓜播前的种子处理？ …………………（30）
28. 什么是配方施肥？如何进行西瓜甜瓜的科学施肥？ …………………（31）
29. 西瓜甜瓜对灌水有什么要求？ …………………（32）
30. 西瓜甜瓜如何进行倒蔓、压蔓？ …………………（32）
31. 西瓜甜瓜的整枝方式有什么不同？ …………………（33）
32. 西瓜甜瓜坐果期管理有哪些关键措施？ …………………（34）
33. 如何防治高温对西瓜甜瓜果实的伤害？ …………………（35）
34. 美化果实外观的管理措施有哪些？ …………………（36）
35. 如何进行西瓜甜瓜的采收？ …………………（36）

36. 如何改进和提高西瓜甜瓜的质量？ …………（38）
37. 西瓜甜瓜为什么可以进行再生？ …………（38）
38. 西瓜再生技术要点有哪些？ …………（39）
三、西瓜甜瓜保护地栽培 …………（40）
（一）育苗技术…………（40）
39. 西瓜甜瓜育苗前应做好哪些准备工作？ …………（40）
40. 西瓜甜瓜育苗应掌握哪些关键技术？ …………（42）
41. 如何进行西瓜甜瓜的冬春育苗？ …………（44）
42. 夏秋西瓜甜瓜怎样进行育苗？ …………（45）
43. 西瓜甜瓜连作有哪些危害？如何防治？ …………（45）
44. 什么是西瓜甜瓜的土壤传播病害？有哪些特点？如何防治？ …………（46）
45. 为什么说嫁接栽培是防病栽培而不是抗病栽培？ …………（46）
46. 西瓜甜瓜嫁接栽培在生产上有何意义？ …………（46）
47. 西瓜甜瓜嫁接育苗如何选择砧木和接穗？ …………（47）
48. 西瓜甜瓜嫁接育苗工作一般包括哪些程序？各有什么特点？ …………（48）
49. 西瓜甜瓜的嫁接一般需要哪些用具？ …………（49）
50. 在嫁接过程中为什么要保持手、嫁接用苗和嫁接用具清洁？ …………（50）
51. 西瓜甜瓜常用的嫁接方法有哪些？怎样选择砧木与接穗以及嫁接方法？ …………（50）
52. 西瓜甜瓜嫁接苗的管理要点有哪些？ …………（52）
53. 西瓜甜瓜嫁接育苗容易发生的病害有哪些？怎样预防？ …………（54）
54. 为什么说西瓜甜瓜嫁接容易管理难？如何控制？ …………（55）

(二)双膜覆盖栽培技术……………………………………(56)
55.西瓜甜瓜保护地栽培有哪几种栽培方式? ………(56)
56.覆膜栽培有何好处,怎样覆膜? …………………(56)
57.怎样进行西瓜甜瓜早春双膜覆盖栽培? …………(57)
58.如何种好秋延晚西瓜甜瓜? ………………………(59)
(三)大棚西瓜甜瓜栽培技术………………………………(59)
59.大棚西瓜甜瓜的早熟高产栽培技术要点有哪些?
……………………………………………………(59)
60.大棚西瓜甜瓜生产如何进行扭梢? ………………(60)
61.夏秋大棚西瓜甜瓜栽培的关键技术措施有哪些?
……………………………………………………(61)
62.如何生产带字西瓜? ………………………………(62)
63.如何生产方形无籽西瓜? …………………………(63)
(四)温室栽培技术…………………………………………(64)
64.温室西瓜甜瓜的灌溉技术要点有哪些? …………(64)
65.温室西瓜甜瓜如何增加光照? ……………………(65)
66.温室西瓜甜瓜怎样进行保温? ……………………(65)
67.如何夺取温室西瓜甜瓜的丰收? …………………(66)
(五)无土栽培技术…………………………………………(68)
68.目前无土栽培有哪些类型? ………………………(68)
69.无土栽培的优点有哪些? …………………………(68)
70.西瓜甜瓜无土栽培选择什么品种好? ……………(69)
71.西瓜甜瓜有机生态型无土栽培基质的施用有哪些
特点? ………………………………………………(69)
72.怎样进行有机肥料的配制、消毒及施用? ………(69)
73.西瓜甜瓜有机生态型无土栽培的设施系统有哪些?
……………………………………………………(70)
74.如何进行西瓜甜瓜的有机生态型无土栽培? ……(72)

(六)无籽西瓜高产栽培技术…………………………………(74)
75. 无籽西瓜如何进行种子处理？ ……………………(74)
76. 无籽西瓜幼苗有何特点？如何进行无籽西瓜苗期管理？ ……………………………………………(75)
77. 怎样选择西瓜授粉品种？ …………………………(75)
78. 如何进行无籽西瓜田间管理？ ……………………(75)
79. 怎样做好无籽西瓜人工辅助授粉工作？无籽西瓜的坐果节位为什么较高？ ……………………………(76)
80. 无籽西瓜采收时应注意什么问题？ ………………………………………………………………(76)
**四、西瓜甜瓜病虫害综合防治技术** …………………(77)
81. 西瓜甜瓜生产中的主要生理障碍有哪些？如何防治？ ………………………………………………(77)
(一)常见病害……………………………………………(80)
82. 怎样识别和防治西瓜枯萎病？ ……………………(80)
83. 如何防治西瓜疫病？ ………………………………(81)
84. 怎样区别甜瓜霜霉病、叶枯病和细菌性叶斑病？如何防治？ ……………………………………………(82)
85. 怎样识别和防治甜瓜白粉病？ ……………………(84)
86. 怎样识别和防治甜瓜蔓枯病？ ……………………(85)
87. 怎样识别和防治西瓜甜瓜病毒病？ ………………(86)
88. 如何防治西瓜甜瓜果实腐斑病？ …………………(87)
(二)常见虫害……………………………………………(88)
89. 怎样防治蚜虫？ ……………………………………(88)
90. 如何防治白粉虱？ …………………………………(89)
91. 怎样防治金针虫？ …………………………………(90)
92. 如何防治红蜘蛛？ …………………………………(90)
93. 如何防治瓜蓟马？ …………………………………(91)

94. 如何防治斑潜蝇？ …………………………………… ( 91 )
95. 什么是根结线虫病？有哪些危害特点？ ………… ( 92 )
五、西瓜甜瓜包装、储藏与运输…………………………… ( 94 )
96. 西瓜的储藏有什么条件要求？ …………………… ( 94 )
97. 甜瓜的储藏有哪些特性？ ………………………… ( 94 )
98. 甜瓜储藏的技术关键有哪些？ …………………… ( 95 )
99. 西瓜储藏的操作要点有哪些？ …………………… ( 98 )
100. 如何有针对性地控制西瓜甜瓜储藏期病害？ …… ( 99 )
附录…………………………………………………………… (103)
参考文献……………………………………………………… (138)

# 一、西瓜甜瓜生产概述

## （一）生 产 概 述

### 1. 西瓜甜瓜产业的发展现状如何？今后有怎样的发展趋势？

西瓜甜瓜生产在世界园艺业中占有重要地位，特别是西瓜的面积和产量在世界十大水果中仅次于葡萄、香蕉、柑橘和苹果，居第五位，甜瓜产量和面积居第九位。中国的西瓜甜瓜产业目前在生产面积和产量上均居全世界第一，占世界总面积和总产量的45%以上。我国西瓜甜瓜的育种与栽培技术在世界上也居于先进水平。西瓜甜瓜占全国城乡夏季上市水果总量的70%以上。

目前全国各省区的西瓜生产规模以山东省最大，河南省居全国西瓜生产规模的第二位。甜瓜生产中所占比例最大的是薄皮甜瓜，约为甜瓜栽培总面积的60%左右。其次是西北地区的厚皮甜瓜，如新疆哈密瓜、甘肃黄河蜜、白兰瓜和内蒙古河套蜜瓜等。第三类是保护地栽培的厚皮甜瓜，主产区集中在我国东部地区，以日光温室、塑料大棚和小棚栽培为主。目前在全国保护地栽培的甜瓜生产面积中山东省最大，河北省仅次于山东省，第三位是上海郊区（以南汇区为主）。

今后我国西瓜甜瓜的生产要充分利用劳动密集型、技术密集型的优势，依靠科技不断改良推出适应市场需求的新的优良品种，重点在保护地专用品种选育，将现有的育苗、嫁接、肥水、坐果、病虫害防治等单项技术措施组装配套，研究推广不同品种、不同生态条件、不同市场需求的综合栽培技术规程模式，实现西瓜甜瓜生产的标准化。以研发保护地和半保护地栽培类型为主的无公害规范栽培技术为重点，通过推广多抗类型西瓜甜瓜品种、合理控制与安全使用农药和化肥，尽量推广应用生物防治措施，大力发展符合绿色食品与有机食品标准的西瓜甜瓜，在生产中通过规范的栽培技术管理改进产品质量，在市场上形成比较强的品牌竞争力。搞好国内市场供应的同时，下大力气发展西瓜甜瓜外向型生产，尤其是东南沿海地区要针对港、澳、台和国际市场，发挥区位、经济和劳动力资源优势，积极开拓和占领国际市场。

## 2.西瓜甜瓜栽培的主要分布地区有哪些？

（1）华北暖温带半干旱区，包括内蒙古高原以南，秦岭淮河以北，黄河以东的冀、鲁、晋、陕及苏北、皖北地区。该区属温带大陆性季风气候区。冬春和初夏少雨干旱，日照充足，温暖；昼夜温差大，是我国目前西瓜面积最大的栽培区，且自古以来就是我国薄皮甜瓜栽培的主产区。这一地区将成为我国最重要的保护地厚皮甜瓜产区，也是保护地西瓜栽培面积最大的地区。

（2）长江中下游梅雨区，包括江苏、安徽、上海、浙江、江西、湖北、湖南等地，属亚热带湿润气候，雨量较多。本区为中国第二大西瓜栽培区，栽培历史悠久，薄皮甜瓜栽培也有相当面积。目前保护地厚皮甜瓜栽培的主要地区有上海市南汇区、江苏省南京市、湖北省武汉市、安徽省和浙江省等地。无籽西瓜、嫁接栽培技术、无土栽培技术与无公害生产技术在这一地区应用较广泛。

（3）西北干旱区，包括黄河河套以西的新疆、甘肃、宁夏、青海和内蒙古的部分地区。本区是典型的大陆性气候地区，干旱少雨，空气干燥，日照充足，昼夜温差大，具有西瓜和厚皮甜瓜生长发育得天独厚的优越条件，素以优质高产著称。这一地区的西瓜和厚皮甜瓜栽培历来以露地直播为主，近年日光温室、大棚、小棚保护栽培有一定面积。

(4)东北温带半干旱区，包括辽宁、吉林、黑龙江和内蒙古高原大部分地区。本区较湿润，无霜期短，生长期较短，积温较少，是我国薄皮甜瓜主产区之一。近年来，温室、大棚、小棚栽培厚皮甜瓜和西瓜发展较快，但厚皮甜瓜和西瓜都成熟晚，上市晚，也是一个特色。保护地栽培以辽南和长春、哈尔滨等地区及大中城市附近有所发展。

(5)华南热带多作区，包括广东、广西、福建、海南、台湾地区，属亚热带和热带气候，全年温暖多雨，夏季很长，没有冬天。该区大部分地区一年可种两季西瓜，海南岛南端和云南西双版纳等地适于西瓜冬种。该区也是薄皮甜瓜产区，但品质和产量较低。

(6)西南热带湿润区，包括四川、云南、贵州三省。本区多阴雨，多雾，少晴天，为西瓜次适宜栽培区，不适于发展保护地厚皮甜瓜生产。但个别地区，如云南元谋、四川攀枝花、西昌等，冬季温暖、干旱、多日照，具有发展保护地厚皮甜瓜生产的小气候条件。贵州的榕江为西瓜集中生产区。

## 3.西瓜有哪些类型？各有什么特点？

(1)华北生态地理型，包括华北及东北，中国西瓜传统产区。原产华北，适应温暖半干旱气候，长势强或中等，果型大或中等，种子大，肉质沙或软，成熟较晚，耐旱不耐湿。本生态型品种处产地外，只适宜往干旱的西北地区引种栽培。

(2)西北生态地理型，原产新疆、甘肃、内蒙古等，适应于干旱的大陆型气候，多数品种长势强，种子大，为大型晚熟种。

(3)东亚生态地理型，原产长江以南、中国东南沿海或日本。适应湿热气候，长势弱，果实和种子均较小或中等，早中熟，耐阴雨。本生态型品种适应性广，在中国可广泛种植。

(4)俄罗斯生态地理型，原产伏尔加河中、下游和乌克兰草原地带，生长旺盛，中晚熟，肉质脆，种子小。本生态型品种仅适于干旱、半干旱地区，在中国的西北地区表现较好。

(5)美国生态型，原产美国东南部及墨西哥湾区，适应于干旱沙漠草原气候。生长势旺，分枝中等，大果，晚熟，含糖量高。本生态型品种适应性广，抗病力强，耐储运，在中国南、北各地广泛应用。

## 4.甜瓜有哪些类型？各有什么特点？

(1)厚皮甜瓜。起源于非洲、中亚(包括我国新疆)等大陆性气候地区，生长发育要求温暖、干燥、昼夜温差大、日照充足等条件。因此历来只在我国西北的新疆、甘肃等地种植。厚皮甜瓜喜干燥、炎热、大温差和强日照。生长势强，蔓粗壮，叶色浅，叶面光滑，果型较大，品质优良，风味美，香气浓郁，果皮较韧，耐储运。

厚皮甜瓜(图 1-1)依品种熟性，可分为早熟品种、中晚熟品种和晚熟品种 3 类，依果面有否网纹可分为光皮甜瓜和网纹甜瓜两类，依果实皮色可分为白皮品种、黄皮品种、绿皮品种和花皮品种 4 类，依果肉色泽可分为白肉品种、绿肉品种和红肉品种(含橘黄肉)3 类，按果肉质地则又能分为脆肉型、软肉型和粉质型 3 类。依品种生育期和农业生物学特性，将厚皮甜瓜品种分为 6 个品种群：保护地品种群、瓜蛋品种群、早熟脆肉品种群、白兰瓜品种群、哈密夏瓜品种群、哈密冬瓜品种群等。

(2)薄皮甜瓜(图 1-2)。起源于印度和我国温暖湿润地区，又称香瓜。喜温暖，较耐湿抗病，适应性强，在我国除无霜期短、3 000 m 以上的高寒地区外，南北各地广泛种植。薄皮甜瓜生长势较弱，株型小，茎蔓细，叶色深，雄雄异花同株或雄花两性花同株。生态适应性好，耐弱光、潮湿。果实圆筒形、圆球形或梨形，果皮光滑，薄而可食，果柄短，果肉薄，肉质或脆（脆瓜）或软（面瓜）。果实较小，不耐储藏运输，适宜就近销售。

图 1-1　厚皮甜瓜

图 1-2　薄皮甜瓜

薄皮甜瓜以果实皮色为主要特性，结合农业生物学特性，可分为白皮品种、黄皮品种、绿皮品种、花皮品种、粉质（面瓜）品种和小籽品种等 6 个品种群。

**5.西瓜生产选用什么品种好？**

（1）特早熟精品西瓜。适合保护地栽培，多为精品小西瓜，生育期短，60～65 天，特早成熟，果实发育期为 25～28 天。平均单瓜重 1～3 kg，植株株型小，适合保护地高密度栽培。

优良品种有：特小凤、小兰（图 1-3）、喜春、红小玉、黄小玉、黑龄童、黑美人（图 1-4）、宝冠、京秀、雪峰小玉红无籽、华晶 3 号、华晶 5 号、早春红玉、小天使、中选 12 号、秀丽、春艳、春兰。

（2）早熟西瓜。西瓜早熟品种生育期一般为 65～70 天，易坐果，瓜生长快，花后 25～30 天成熟。单瓜重 3～4 kg，株型小，适于密植。

优良品种有：郑杂 5 号、京欣 1 号（图 1-5）、抗病苏蜜、世纪春

图 1-3 小兰西瓜品种

图 1-4 黑美人西瓜品种

蜜、郑抗 2 号、中科 1 号、新优 24 号、新优 3 号、抗病早冠龙、特早佳龙、丰乐 5 号、爱耶 1 号、晋抗早巨龙、春辉、黄金玉。

(3)中熟品种。西瓜中熟品种生育期为 70～85 天，生长期长，成熟较晚，果实发育需要 30～40 天，平均单瓜重 5 kg 左右。植株生长势较强，株型较大，种植密度较小。

优良品种有：西农 8 号(图 1-6)、少籽巨宝、新红宝、郑抗 1 号、聚宝 3 号、华蜜 8 号、开杂 12 号、红大、湘西瓜 11 号(洞庭 1 号)、红冠龙、庆红宝、华西 7 号、陕农 9 号(西农高糖)、丰乐冠龙、金钟冠龙华萃 9 号。

图 1-5 京欣 1 号

图 1-6 西农 8 号

(4)优良晚熟西瓜品种。生产上将果实发育期在40天以上的中晚熟品种和全生育期90天以上的西瓜品种列为晚熟品种；晚熟品种生长旺盛，坐果节位高，果实发育期长，成熟慢，果型大，产量高，果皮厚韧，耐储运。

晚熟西瓜代表品种有：红优2号、夏蜜抗、新密丰1号等。

(5)无籽西瓜。无籽西瓜栽培期较长，生育期在80～120天，较晚熟。瓜生长慢，成熟期较长，果实发育需要30～40天，瓜瓤无籽或少量秕子，不易空心和倒瓤，耐储藏。植株生长势强，株型大，种植密度小。优良品种有：黑蜜2号(图1-7)、黑蜜5号、蜜枚1号、广西2号、雪峰蜜红无籽(湘西瓜14号)、金太阳1号、郑引301、菊城无籽3号、郑抗无籽5号、菠萝蜜无籽。

图1-7 黑蜜2号

## 6.如何选择甜瓜生产品种？

薄皮甜瓜生长势较弱，株型小，茎蔓细，叶色深，雌雄异花同株或雄花两性花同株。生态适应性好，耐弱光、潮湿，多适宜南方地区、东北地区栽培，一般西北地区城郊作早熟露地栽培及保护地栽培。

厚皮甜瓜生长势强，蔓粗壮，叶色浅，叶面光滑，多为雄花两性花同株，对环境条件要求严，喜干燥、炎热、大温差和强日照。各地根据气候变化及设施条件，选择最适宜的季节栽培。西北地区多露地栽培及早春保护地栽培；华北地区、长江中下游地区适宜保护地栽培。

## 7.常见厚皮甜瓜品种有哪些？

(1)引进品种。

①白兰瓜。由美国引进，目前栽培面积较大的品种是大暑白兰瓜(图 1-8)，为中晚熟品种，以孙蔓结瓜为主，全生育期 120 天。果实呈圆形，果面洁白光滑，成熟后阴面呈乳白色，阳面微黄，顶部与脐部略突起，果肉绿色，折光糖含量 11.7%～14.5%，平均单瓜重 1.5 kg，一般每 667 $m^2$ 产量达 2 000～2 500 kg。西北地区可露地栽培，华北地区宜采用大棚避雨栽培。

图 1-8 大暑白兰瓜

②西博洛托(图 1-9)。由日本引进的早熟杂交一代品种。果实发育期 35～40 天，叶片小，主蔓粗壮，节间短，生长旺盛，不早衰，侧蔓着花性好，坐果率高，连续坐果性能强，单瓜重 1.1～1.3 kg，产量高。果实呈球形，果皮纯白色，透明感强，不脱蒂，折光糖含量为 15%～17%，风味佳，耐储运。

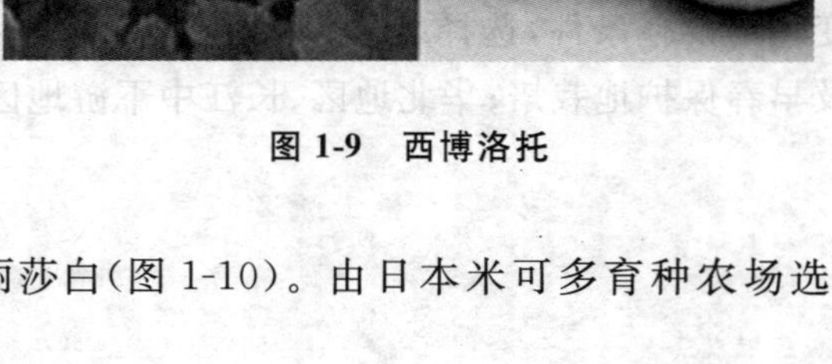

图 1-9 西博洛托

③伊丽莎白(图 1-10)。由日本米可多育种农场选育的特早

熟杂交品种。全生育期70天，果实圆球形，果皮金黄色，整齐度高。果肉乳白色，折光糖含量为13%～15%。单瓜重500～600 g，平均每667 $m^2$ 商品瓜产量达1 500～2 000 kg。耐湿、耐弱光、抗病，适于大小棚保护地栽培。不易裂瓜，耐储运。

图 1-10　伊丽莎白

(2)台湾品种。

①状元。早熟品种，雌花开放到果实成熟需40天。果实呈橄榄形，脐小，成熟时果面呈金黄色，果肉白色，折光糖含量在14%～16%。果皮坚硬，不易裂瓜，耐储运。单瓜重1.5 kg左右。该品种株型小，适于密植，遇低温果实仍发育良好。

②蜜世界(图 1-11)。全生育期100天左右，果实发育期45～55天。果实椭圆形，果皮淡白绿色，光滑美观，但湿度高或低节位结果时，果面偶有稀疏网纹发生。果肉淡绿色，肉质柔软细滑，折光糖含量为14%～16%。低温结果力强。果肉不易发酵，果蒂不易脱落，储运性特好，适于内销外运。单瓜重1.4～2.0 kg，稳产丰产。果实采收后经5天后熟，果肉软化后食用，才能发挥其固有的风味。“蜜世界”为冬、春季大棚保护地栽培的主要品种，低温期果实肥大品质好。

③天蜜(图 1-12)。全生育期90天，果实发育期45～50天，果实呈椭圆球形，果皮淡黄色。单瓜重1.2 kg左右。果肉蜜白色，肉厚，肉质柔软细嫩，入口即化，汁液特多，折光糖含量稳定在14%～16%，风味极佳。植株生长强健旺盛，低温生长性良好，结果能力特强，最适合春季大棚保温栽培。

④玉露。中早熟，全生育期90天。果实呈圆球形，未熟时果皮为淡绿色，成熟时变为乳黄色，果皮有稀疏网纹。肉厚3～

图 1-11 蜜世界

图 1-12 天蜜

4 cm，肉色淡绿，种腔小。肉质细嫩，汁多味甜，折光糖含量为14%～16%，风味美，香气浓郁。坐果性强，高产，易栽培。该品种耐病毒病、霜霉病。

(3)内地常见代表性品种。

①河套蜜瓜。为内蒙古自治区河套地区磴口县的地方优良品种。全生育期100天左右，果实发育期47天。果实阔卵圆形，成熟后皮色橙黄。果面光滑，果顶部密生横向细网纹，较粗糙。果柄产生离层具有落蒂习性。果肉淡绿色，适期成熟时肉质细而酥，过熟软面，折光糖含量在14%以上，浓香、甘甜、爽口，耐储运。平均单瓜重0.75 kg左右。

②京玉2号(图1-13)。由国家蔬菜工程技术研究中心最新培育的厚皮甜瓜杂交品种。果实发育期37～42天，单瓜重1.1～1.6 kg，果实高圆形，果皮洁白有透感，果面光滑，果柄处有微棱。果肉浅橙色，肉质酥嫩爽口，折光糖含量为14%～17%。特别适合春季保护地栽培。

③玉金香(图1-14)。由甘肃省河西瓜菜研究所选育。全生育期85天，果实发育期38天。果实圆形，近成熟时果皮为玉白色，成熟时呈乳黄色。果肉白色至浅黄绿色，肉细汁多，香味浓郁，口感极佳，中心折光糖含量为16%～18%，品质优。单果重0.7～1.0 kg，抗白粉病、霜霉病、疫霉病等甜瓜主要病害。

图 1-13　京玉 2 号

图 1-14　玉金香

④蜜玲珑。由上海市农业科学院园艺研究所选育。全生育期为 120 天，从开花到果实成熟需 50 天左右。植株生长势中等，分枝性强，果实圆形，果皮黄绿色，网纹粗而密，单果重为 1.0～2.0 kg。果肉厚 4.0～4.5 cm，浅绿色，肉质软而细腻，水分足，香味浓，可溶性固形物 16%以上。耐低温、高湿、弱光环境，对土壤要求不严格，最适于沙壤土栽培。

⑤迎春。河北富研瓜菜种苗中心育成，大果型、早熟厚皮甜瓜品种，耐低温、弱光，易坐果，生育期 90 天左右，适于保护地栽培。果实圆形、光洁，深金黄色，美观、艳丽。单瓜重 1.2～1.4 kg。果肉厚约 4 cm，种腔极小。果肉蜜白色，细嫩多汁。平均可溶性固形物含量 16%～18%，甘甜芳香。

(4)新疆育成杂交品种。

①皇后(图 1-15)。新疆农科院园艺研究所和新疆葡萄瓜类研究所共同育成的晚中熟种品种。商品名统称“金皇后”。生育期 105 天，果实发育期 50 天左右。植株生长势强，果实椭圆形，金黄色皮，坚硬，全果密网。肉色浅红，肉厚 4 .25 cm，种腔 5.8 cm ，肉厚种腔小。中心折光糖含量 16%，肉质脆甜，风味中上。耐储运，综合商品性状好。单瓜平均重 3.5 kg，商品产量 3 000 kg 左右。

②黄醉仙(新密杂 9 号)(图 1-16)。由新疆农科院园艺所育成，早熟杂交一代。生长势强，对甜瓜疫霉病有一定抗性。果实高

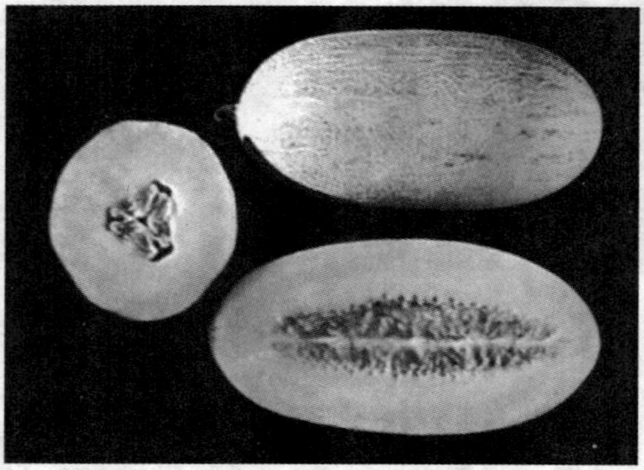

图 1-15　皇后

圆或圆形，果面金黄色，有稀网纹或无网纹。果肉青白色，肉质细软，果汁有浓香，中心折光糖 15%～16%。单瓜平均重 1.5 kg，亩产 2.5 t。

③新红心脆（新密 14 号）。由新疆农科院园艺所育成，中熟杂交一代。植株长势中等，易坐瓜，果实椭圆形，果皮灰绿，比红心脆果面稍黄，网纹密布全果，完全成熟时，果面乳黄透红，果肉橘红，肉质松脆，蜜甜，中心折光糖 15%，单瓜重 2 kg，亩产 1.6 t。

④西域 3 号（新密 17 号）（图 1-17）。由新疆西域种子集团公司育成，中熟杂交一代。全生育期 95 天左右，果实从坐瓜到成熟需 45 天，植株生长势较强，果实短卵圆形。果皮底色黄绿，有暗绿条斑，灰白色全网纹。肉色橘红，肉厚 4.8 cm，质地较脆细，爽口，中心折光糖含量 16%～18%，单瓜重 2.5 kg 左右。结实力强，单株平均结瓜 2 个，较耐运输，抗枯萎病，耐叶部病害。

⑤绿宝石（新密 20 号）（图 1-18）。由新疆农科院园艺所育成，中熟杂交一代，全生育期 85 天。植株生长势中等，果实高圆形，坐果整齐，果皮灰绿，覆突出网纹，果肉浅绿色，肉质细软，中心折光

图 1-16　黄醉仙

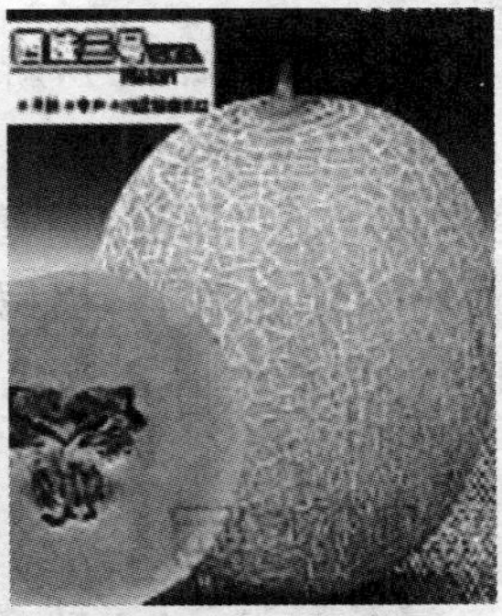

图 1-17　西域 3 号

糖 15%以上。平均单瓜重 1.8 kg 以上，亩产 1.5 t。

⑥金凤凰(新密 28 号)(图 1-19)。由新疆农科院园艺所育成，中熟杂交一代，全生育期 85 天。果实长卵形，果皮鹅黄，上覆细、密、全凸网纹，平均单瓜重 2.5 kg，亩产 2 t。果肉浅橘红色，肉质细、松、脆、爽口、风味佳，储藏后稍变软，蜜甜有香味，果实中心折

图 1-18　绿宝石

图 1-19　金凤凰

光糖 15%。

⑦杂交伽师瓜 2 号(新密 30 号)(图 1-20)。由新疆农科院园艺所育成,中熟杂交一代。果实椭圆形,果面青绿,网纹密布全瓜。肉色橘红,肉质松脆,口感好。中心折光糖 14.8%,肉厚超过 4 cm。种腔较小,耐储运性好。单瓜重平均 3.2 kg,高抗白粉病,对细菌性角斑病、霜霉病也有较好抗性。

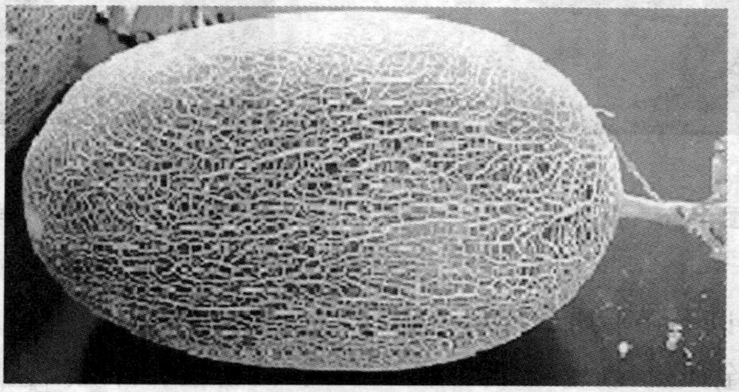

图 1-20 杂交伽师瓜

## 8.西瓜甜瓜的生育特点是什么?

西瓜甜瓜全生育期 65～120 天,其生育过程可分为发芽期、幼苗期、伸蔓期和开花结果期等。

(1)发芽期。种子萌动至形成 2～3 个幼叶为发芽期。在 25～30℃的条件下,需要 10 天左右,此期胚轴是生长的中心,根系生长很快。子叶出土后,要控制苗床的温度,防止下胚轴徒长,以利于培育壮苗。

(2)幼苗期。从子叶平展到第 5～6 片真叶展开为幼苗期,又称团棵期,20～30 天,幼苗节间短,呈直立状态。为促进根系发育,要求土壤有适宜的温湿度条件和增强通透性。

(3)伸蔓期。幼苗由第 5～6 片真叶出现到坐果节位雌花开放为伸蔓期，需 10～15 天。植株开始由直立生长状态转为匍匐性生长状态，植株开始进入旺盛生长时期。要促进根系发育，同时要防止徒长。

(4)结果期。从结瓜部位雌花开放到果实充分成熟采收为结果期，西瓜一般需要 30～40 天，甜瓜需要 30～60 天。结果期又可以划分为坐果期、膨瓜期和成熟期。

①坐果期。雌花开放至幼果坐稳。在 25～30℃的适温条件下需要 4～6 天。当幼果生长到鸡蛋大小时，果实表面的茸毛开始消退并显现光泽，称为“退毛”。此期容易出现化瓜现象。

②膨瓜期。指果实旺盛生长开始到果实停止膨大定个为止。此期果实的重量和体积增加，生长中心是果实。

③成熟期。指果实定个到生理成熟。果皮呈现出本品种特有的颜色和花纹，果实内糖分增加，肉色转深而达到生理成熟，种子充分成熟并着色。叶片逐渐衰退、脱离、功能降低。甜瓜果实还散发出各种香味。

### 9. 不同生育期的西瓜甜瓜对环境条件有哪些反应?

西瓜甜瓜为喜温耐热植物，对温度的要求较高且比较严格，对低温反应敏感，遇霜即死。生长的最低温度为 10℃，最高温度为 40℃，最适宜的温度为 28～30℃。整个生育期要求充足的光照时间和光照强度，属短日照植物，每天光照时间应保证在 10～12 h，不低于 8 h 为好。西瓜甜瓜具有较强的耐旱能力，适宜的土壤含水量为 60%～80%，喜空气干燥，适宜的空气相对湿度为 50%～60%。西瓜甜瓜对氨气反应敏感。在棚室栽培西瓜甜瓜，应忌施碳酸氢铵、氨水和未腐熟的生鸡粪、生羊粪等，以免产生有害气体。

### 10.西瓜甜瓜最适宜在哪些季节栽培？

西瓜甜瓜果实发育时期必须安排在高温季节才能获得正常产品，所以，我国各地栽培季节大部分均安排为春播夏收。由于各地春季到来的早晚不同，播种时间有早有晚。保护地生产华北栽培区头年11月下旬开始育苗，3月上旬至12月随时都有鲜瓜收获上市。长江中下游栽培区多在1月下旬至2月上旬育苗，2月下旬至3月上旬定植，4月下旬至6月份收获，本区保护地厚皮甜瓜的成熟期普遍晚于华北，而且品质不如华北的产品。西北栽培区历来以露地直播为主，春播夏收。东北栽培区生长期较短，积温较少，是我国薄皮甜瓜主产区之一。华南栽培区保护地栽培为旱季栽培，冬种（1～3月份种）春收（4～6月份收）或秋种（9～10月份种）冬春收（10～12月份收）为安全、优质，特别以春茬，春季至春末夏初采收这一茬厚皮甜瓜品质最好，产量最高。海南或云南地区冬播春收是最适宜的季节。

## （二）绿色食品西瓜甜瓜生产知识

### 11.什么叫绿色食品？绿色食品有哪些类型？

通常绿色食品是指无污染的安全食品的通称，但存在着3个层次：无公害、绿色食品（A级、AA级）和有机食品。

（1）无公害食品。指没有受到有害物质污染的产地环境、生产过程、最终产品质量符合无公害农产品的规范并使用无公害农产品标识（图1-21）的农产品。

图1-21　无公害农产品标识

无公害食品必须满足以下条件。①农药残留量不超标。无公害食品中不含有禁用的高毒农药，其他农药残留量不超过允许标准。②硝酸盐含量不超标。农产品中硝酸盐含量不超过允许标准，一般控制在 432 mg/kg 以下。③“三废”（废气、废水、废渣）等有害物质含量不超标。

（2）绿色食品。是遵循可持续发展原则，按照特定生产方式生产，经专门机构认定，许可使用绿色食品标志商标（图 1-22）的无污染的安全、优质、营养类食品。目前这个专门机构是中国绿色食品发展中心。

图 1-22　绿色食品标识

绿色食品有 3 个显著特征：①产品出自最佳生态环境。绿色食品生产从原料产地的生态环境入手，通过对原料产地及其周围的生态环境因子严格监测，判定其是否具备生产绿色食品的基础条件，而不是简单地禁止生产过程中化学物质的使用。②对产品实行全程质量控制。绿色食品实行“从土地到餐桌”全程质量控制，而不是简单地对最终产品的有害成分含量和卫生指标进行测定。③对产品依法实行标志管理。政府授权专门机构管理绿色食品标志，将技术手段和法律手段有机结合起来进行生产组织和管理。

绿色食品又分为 A 级和 AA 级两个等级，AA 级绿色食品等同有机食品。

A 级绿色食品：指生产地的环境质量符合 NY/T 391 的要求，生产过程中严格按照绿色食品生产资料使用准则和生产操作规程要求，限量使用限定的化学合成生产资料，产品质量符合绿色食品产品标准，经专门机构认定，许可使用 A 级绿色食品标志

(图 1-23)的产品。

AA 级绿色食品:指在生产地的环境质量符合 NY/T 391 的要求,在生产过程中不使用化学合成的肥料、农药、兽药、饲料添加剂、食品添加剂和其他有害于环境和健康的物质,按有机农业生产方式生产,产品质量符合绿色食品产品标准,经专门机构认定,许可使用 AA 级绿色食品标志(图 1-23)的产品。

A 级绿色食品标志(左);
AA 级绿色食品标志(右)

**图 1-23 A 级和 AA 级绿色食品标识**

(3)有机食品。是根据有机农业原则和有机农产品生产、加工标准生产出来的经过有机农产品颁证组织颁发证书的一切农产品。有机农业是一种完全不用或基本不用人工合成的化肥、农药、生产调节剂和饲料添加剂的生产体系。通常需要符合以下 3 个条件:①原料必须来自有机农业生产体系的或采用有机方式采集的野生天然产品;②产品在整个生产过程中必须严格遵循有机食品的生产、加工、包装、储藏、运输等要求;③必须经过独立的有机论证机构进行全过程的质量控制和审查,符合有机食品生产标准的并颁发证书的产品(图 1-24、图 1-25)。

有机食品的主要特点是来自有机生产系统,不使用转基因产品,有 3 年的转换期。在生产加工中不使用化学农药、化肥、食品添加剂等物质,施肥只能使用农家肥。

图 1-24　有机食品标志

图 1-25　有机认证标志

## 12.为什么要发展绿色食品生产?

发展绿色食品不仅是为了满足人们对优质、安全食品的需求，更重要的是为了保护我国农业资源，改善农业生态环境，维持农业持续发展、保障人民身体健康和增强我国农产品影响力与竞争力。

(1)发展绿色食品生产是解决农产品质量安全问题的根本措施，对维护公众健康和公共安全具有十分重要的作用。民以食为天，食以安为先。发展绿色食品生产，保障农产品消费安全，使我们的食品安全、卫生、优质、营养，避免食物中毒，确保人民的身心健康，提高生活质量。绿色食品生产实行从“土地到餐桌”的全程质量控制，有利于治理“餐桌污染”，建设“放心食品”工程工作的开展。同时保障百姓吃上安全放心的农产品，是政府履行监管职责以维护最广大人民群众根本利益的基本要求，也是坚持以人为本、科学发展观与构建和谐社会的集中体现。

(2)发展绿色食品生产是保护环境，推动农业科技进步的有效措施。食品污染源主要有三个方面：①“工业三废”污染农田、水体和大气，导致有害物质在农产品中聚积；②农业生产中化学肥料、农药、除草剂、植物生长调节剂等使用量的增加，一些有害的化学物质残留在农产品中；③食品加工过程中化学色素、化学添加剂的不适当使用，使食品中的有害物质增加。发展绿色食品，实现先进的科技与传统农艺精华的结合，把环境保护和生产发展紧密结合起来，是保护环境，治理污染的迫切需要。同时发展绿色食品生产可改革现有的耕作观念和生产技术，而且可以促进农林牧副渔的结合及产前、产中、产后服务的协调发展，使我国农业生产走上依靠科技进步和提高劳动者科学文化素质的道路，促进了社会可持续发展。

(3)发展绿色食品生产可以促进农业综合生产能力提高，增强农产品市场竞争力，提高农业经济效益，增加农民收入，农业综合竞争力的核心是将资源优势、生产优势和产品优势转化为质量优势、品牌优势和效益优势。发展绿色食品是新时期推动农业生产方式转变、促进农产品生产区域化布局、标准化管理、产业化经营、市场化发展的重要手段，也是实现农业比较优势和提高农业综合竞争力的重要途径。农业生产性收入的增加是农民增收的基本途径，发展绿色食品是增加农民收入的重要举措，适应了市场需要，促进优质优价。

## 13.我国绿色食品发展现状如何？制定有哪些标准和级别？

1990 年 5 月 15 日，我国正式宣布开始发展绿色食品。绿色食品发展按照发展的主导方式和主要目标划分，大致经历了两个重要阶段。

第一阶段，从农垦系统启动的基础建设阶段(1990—1993 年)。1990 年，绿色食品工程在农垦系统正式实施。完成基础建设工作主要有：在农业部设立绿色食品专门机构，并在全国省级农垦管理部门成立了相应的机构；以农垦系统产品质量监测机构为依托，建立起绿色食品产品质量监测系统；制定了一系列技术标准；制定并颁布了《绿色食品标志管理办法》等有关管理规定；对绿色食品标志进行商标注册；加入了“有机农业运动国际联盟”。

第二阶段，向全社会推进的加速发展阶段（1994 年至今）。1994 年，中国绿色食品发展中心根据全国绿色食品发展的新形势，提出了“加速三个推进”的发展方针，即产品开发从起步阶段的国有农场为主向广大农村推进；工作重点从抓生产环节为主向市场开拓推进；技术结构从传统技术为主向开发应用现代高新技术推进。全国许多县（市）依托本地资源，采取成立绿色食品专门管理机构、实行倾斜政策等措施，在全县范围内组织绿色食品开发和建立绿色食品生产基地，使绿色食品开发成为县域经济发展富有特色和活力的增长点。

中国绿色食品发展中心与有关科研部门配合，制定了绿色食品产地环境监测及评价标准、生产和加工技术标准、产品标准和产品包装标准；制定了绿色食品分级标准（A 级和 AA 级），其中 AA 级绿色食品标准直接与国际相关行业标准接轨；制定并颁布了 49 个绿色食品产品标准；在全国七大地理区域（东北、华北、西北、西南、华东、华中、华南）制定了 72 种农作物的 A 级绿色食品生产技术规程；制定了生产绿色食品的肥料、农药、兽药、水产养殖用药、食品添加剂、饲料添加剂等 6 个生产资料使用准则。

### 14. 绿色食品产品的卫生标准是什么？

产品或产品原料产地包括大气、水、土壤等因子必须符合绿色食品产地环境质量标准。绿色食品产地应选择空气清新、水质纯净、土壤未受污染，具有良好农业生态环境的地区，应尽量避开繁华都市、工业区和交通要道，多选择在边远省区、农村等。

必须保持绿色食品产品的微生物学特征，如活性酵母、乳酸菌等。而重金属、有害物质限量及微生物污染指标必须加以相当或严于国标的限定，例如菌落总数、大肠菌群、致病菌（金黄色葡萄球菌、乙性链球菌、志贺氏菌及沙门氏菌）、粪便大肠杆菌、霉菌等。具体参照中华人民共和国农业行业标准绿色食品哈密瓜标准

NY/T 427—2000。

## 15. 生产绿色食品对土壤、水质和大气环境各有哪些要求?

土壤要求:产地土壤元素位于背景值正常区域,周围没有金属或非金属矿山，并且没有农药残留污染,评价采用《土壤环境质量标准》(GB 15618—1995)。同时要求有较高的土壤肥力。土壤质量符合绿色食品土壤质量标准。主要评价因子包括重金属及类重金属(Hg、Cd、Pb、Cr、As)和有机污染物(六六六、DDT)。

水质要求:生产用水质量要有保证;产地应选择在地表水、地下水水质清洁无污染的地区;水域、水域上游没有对该产地构成威胁的污染源;生产用水质量符合绿色食品水质环境质量标准。其中农田灌溉用水评价采用国家农田灌溉水质标准 GB 5084—1992。主要评价因子包括常规化学性质(pH 值、溶解氧)、重金属及类重金属(Hg、Cd、Pb、As、Cr、F、CN)、有机污染物($BOD_5$、有机氯等)和细菌学指标(大肠杆菌、细菌)。

大气环境要求:产地周围不得有大气污染源,特别是上风口没有污染源;不得有有害气体排放,生产生活用的燃煤锅炉需要除尘除硫装置。大气质量要求稳定,符合绿色食品大气环境质量标准。大气质量评价采用国家大气环境质量标准 GB 3095—1996 所列的一级标准。主要评价因子包括总悬浮颗粒物(TSP)、二氧化硫($SO_2$)、氮氧化物($NO_X$)、氟化物。具体参照中华人民共和国农业行业标准绿色食品产地环境技术条件 NY/T 391—2000。

## 16. 西瓜甜瓜施肥应注意哪些问题?

规定农家肥是绿色食品的主要养分来源,必须经过无害化处理。生产绿色食品允许使用的肥料有 7 大类 26 种。在 AA 级绿色食品生产中除可使用 Cu、Fe、Mn、Zn、B、Mo 等微量元素及硫酸钾、煅烧磷酸盐外,不使用其他化学合成肥料,完全和国际接轨。

A级绿色食品生产中则允许限量地使用部分化学合成肥料(但仍禁止使用硝态氮肥),以对环境和作物(营养、味道、品质和植物抗性)不产生不良后果的方法使用。具体参照中华人民共和国农业行业标准绿色食品肥料使用准则 NY/T 394—2000。

## 17.怎样防止农药对西瓜甜瓜的污染?

绿色食品生产应首先创造不利于病虫草害滋生和有利于各类天敌繁衍的环境条件。其次,限量使用规定的农药品种,严格按照使用量和使用时间施用,在A级绿色食品生产过程中每种允许使用的农药在生产期内只使用一次。最后严格按照安全间隔期(种植业中最后一次用药距收获的时间)进行施药和采收。具体参照中华人民共和国农业行业标准绿色食品肥料使用准则 NY/T 393—2000。

## 18.如何对绿色食品西瓜甜瓜进行病虫害综合防治?

(1)农业防治。农业防治就是运用各种栽培管理措施,有目的地改变环境条件,使之有利于西瓜甜瓜的生长,而不利于病虫草的发生和发展。有效的措施有:选用抗病虫品种,嫁接换根,轮作倒茬,实行垄作,合理密植,清洁田园。适时浇水,合理施肥,避免偏施氮肥,增施磷钾肥。

(2)生物防治。保护利用自然天敌,控制有害生物;施用生物农药,如利用虫霉菌、轮枝菌等防治害虫。施用5406菌肥、木霉素、"抗毒剂一号"、"农丰菌"防治病害。

(3)物理防治和人工防治。利用黄色诱杀蚜虫和白粉虱;利用银灰色拒避蚜虫或白粉虱;温汤浸种;蒸汽土壤消毒;高温闷棚防治霜霉病;利用害虫的趋光性进行灯光诱杀;蝼蛄、小地老虎在成虫高发期前用糖醋液诱杀。利用金龟子、黄守瓜等害虫的假死性进行人工捕捉;小地老虎等幼虫在植物心叶上为害期可在清晨在被害幼苗附近捕捉。

(4)化学防治。化学防治具有对病虫草杀伤力强、快速、高效等优点，但污染环境和西瓜、甜瓜产品，杀伤天敌，防治成本高。可利用农药进行浸种、拌种或闷种等对种子进行消毒。苗床、连作地块、栽培设施和有机肥料在播种、定植和使用前，用杀菌剂和杀虫剂进行消毒。在西瓜甜瓜生长期间，直接将药剂通过喷雾、喷粉、灌根、烟雾法作用在植株的表而，防治病虫害。一般杀虫效果85%以上，防病效果70%以上，即称为高效。

注意安全用药，必须严格按操作规程和安全防范措施进行，防止中毒。及时采取措施，早发现，早防治；连续用药，轮换用药，气温较高的中午或风雨天不可喷药。最好农药、化肥混合使用，严格控制用药时间、用药量和用药浓度。以免发生药害或降低药效。

## 19.怎样申请绿色食品标志？

绿色食品标志是中国绿色食品发展中心注册的质量证明商标，食品生产企业如需要在其生产的产品上使用绿色食品标志，必须按以下的程序提出申报。

(1)申请企业向省绿色食品办公室提交正式书面申请，并填写《绿色食品标志使用申请书》、《企业生产情况调查表》。

(2)省绿色食品办公室将依据企业的申请，派人到申请的企业进行实地考察，如考察合格，省绿色食品办公室将委托定点的环境监测机构对申报产品或原料基地的环境(大气、土壤和水)进行监测和评价。

(3)省绿色食品办公室的标志管理人员将结合考察情况及环境监测和评价的结果对申报材料进行初审，并将初审合格的材料上报中国绿色食品发展中心。

(4)中国绿色食品发展中心对上述申报材料进行审核，并将审核结果通知申报企业和省绿色食品办公室。合格者，由省绿色食品办公室对申报的产品进行抽样，并送往定点的食品监测机构依据绿色食品标准进行检测。不合格者，当年不再受理其申请。

(5)中国绿色食品发展中心对检测合格产品的检测报告及全部材料进行终审。终审合格的申请企业与中国绿色食品发展中心签订绿色食品标志使用合同。不合格者，当年不再受理其申请。

(6)中国绿色食品发展中心对上述合格的产品进行编号，并颁发绿色食品标志使用证书。

(7)申请企业对环境监测结果或产品检测结果有异议，可向中国绿色食品发展中心提出检测仲裁申请，中国绿色食品发展中心委托两家或两家以上的定点监测机构对其重新检测，并依据有关规定作出裁决。

# 二、西瓜甜瓜露地栽培

## 20.露地栽培的西瓜甜瓜如何选择品种?

(1)选用产量高、抗病性强的中熟或中晚熟品种。春露地栽培由于西瓜上市集中,时间晚,价格较低,因此不宜选用产量较低的早熟品种。

(2)符合上市及消费习惯需要。就地供应对品种的耐储运性要求不高,但长途外运,就要选用耐储运、丰产、优质的品种。尽量选择适合本地或拟销往地区市场消费习惯的品种类型。如华北一带喜欢绿皮京欣类型的西瓜,而山东等中原地区喜欢黑皮类型西瓜。欧美人喜欢麝香味浓的甜瓜品种;东方人习惯清香味的甜瓜品种;日本人独爱密网纹甜瓜品种;新疆人喜食脆肉型甜瓜;而内地消费者多偏爱软肉型甜瓜;北京市场上黄皮类甜瓜好销,而上海市场上则白皮甜瓜类畅销;东北人多喜欢薄皮甜瓜。外贸出口或供应大中城市特需以及小家庭的需要,应选用中小果型的精品瓜、礼品瓜、无籽西瓜等为好,而郊区或乡村多喜欢大果型瓜。

(3)适应当地的栽培季节、栽培方式和技术水平。一般北方干旱少雨地区种瓜应选用耐旱喜强光的品种;南方地区阴雨多湿应选用耐湿抗病性强的品种;气候多变地区应选用适应性强的品种。春提早栽培应选择优质早熟品种;正茬栽培选用中晚熟丰产品种;

秋延迟栽培应选用耐运抗病的大果型品种；大棚、小棚等保护地特早熟栽培，应选用耐阴耐低湿不易徒长的早熟小型瓜品种。传统产瓜区技术水平较高，可选用优质而种植难度大的品种；新产区则宜选择适应性好，易种植的品种。

(4)注意西瓜甜瓜的生态类型及其适应地区。了解不同品种的生态型及其适应地区，重视其适应性，再根据当地的气候、土壤条件等，首先确定适于栽培的品种类型范围，然后再根据市场需要在该类型中确定适宜的具体品种。如薄皮甜瓜适应性强，但薄皮甜瓜的储运性较差，不易远途运输，因此，不宜大面积栽培，多在城市郊区少量种植。厚皮甜瓜对环境条件要求高，而抗病性、适应性差。因此新疆、甘肃、青海、内蒙古等厚皮甜瓜露地栽培主产区，应选择适应当地栽培条件和消费地区习惯的品种。华北、东北、华东以及华南地区的厚皮甜瓜露地栽培新产区，应选择生育期短，坐果早、易坐果、果实发育快、适应性强的品种。

(5)不同类型品种相配套。虽然一个地区某一个季节的适栽品种类型可能是相同的，但最好重点突出一到两个品种，至少应搭配不同熟性的品种，以延长供应期，毕竟消费需求是多样的。

## 21.露地西瓜甜瓜栽培怎样合理安排茬口?

西瓜甜瓜栽培严忌连作重茬，应与葫芦科作物严格实施轮作。一般旱地轮作期为5～6年，水田轮作期为3～5年，水旱轮作3～4年。玉米、高粱、小麦、稻子等粮食作物作前茬最好。

露地瓜的生产应尽量把西瓜甜瓜的生育高峰期安排在当地气候条件最适于西瓜甜瓜生长的季节，一般有春露地、夏露地和秋露地三茬。春露地生产东北地区多在5月中、下旬至8月份；华北和中原地区多在4月中、下旬至7月份；海南、广西、广东等南方地区多在1～2月份至4～5月份。

甜瓜露地栽培最适栽培季节均为春播夏收。华南地区，多为

2～3 月份播种，5～6 月份收获，黄淮海地区及长江流域，均为 4 月份播种，7 月份收获；东北、新疆、内蒙古及青海等地，5 月份播种，7～8 月份收获。

### 22. 如何确定西瓜甜瓜露地生产的适宜播种期？

西瓜甜瓜露地栽培可采用大田直播或育苗移栽两种方式。在干旱少雨的西北地区，早春气温回升快，可采用露地直播的方法。在保护地反季节栽培，或在多雨潮湿地区，多育苗移栽。东北地区多在 5 月中、下旬播种，西北、华北和中原地区播种适宜时期多在 4 月中、下旬，海南、广西、广东等南方地区多在 1～2 月份播种。

### 23. 怎样进行西瓜甜瓜的选地？

西瓜甜瓜的选地应从地势、土质、茬口三方面考虑。南方地区多雨易涝，应选择地下水位低、排水通畅的地块；北方地区应选择背风向阳、小气候好、地势平缓的地块。早熟栽培选择背风向阳、沙性较强的地块；一般露地栽培选择排灌条件良好、保肥、保水的黏土地块。西瓜甜瓜栽培严忌连作重茬，应严格实施轮作。

西瓜对土壤质地适应性较强，但最适宜西瓜栽培的是沙质壤土，以上层沙土、底层壤土的地块最好。最适宜甜瓜的是壤土或沙壤土。甜瓜对土壤酸碱度的适应能力较强，耐轻度盐碱。在轻度含盐碱土壤上种植的甜瓜，可增加含糖量，改进品质。

### 24. 西瓜甜瓜对整地做畦有什么要求？西瓜甜瓜的开沟做畦方式有几种？

土地翻耕施基肥后即可做畦，西瓜甜瓜做畦的方式因各地的降雨情况而定。最常见的瓜畦有平畦、锯齿畦、龟背畦、高畦、沟畦等。

华北、东北地区西瓜甜瓜生育前期干旱、后期多雨，为兼顾排灌，常做成平畦。华南等多雨潮湿地区，多雨地区为防雨涝积水危害，均做成以深沟排水为主的高畦，甘肃中部干旱地区实行沙田栽培，在整好的地面上均匀地覆盖 10 cm 厚的卵石与细沙混合物。西北地区干旱少雨地区，为便于灌溉，主要采用沟畦栽培，畦的走向最好与当地春季盛行的风向垂直。

## 25.西瓜甜瓜如何施基肥？

西瓜甜瓜基肥以含磷钾较多的禽粪、羊粪、饼肥为好，北方地区基肥中要增加磷、钾的比例。保护地秋冬茬、冬春茬和露地早熟栽培，因前期气温低，应增加基肥的用量；丘陵山区等土质瘠薄地区，基肥用量需相应增加。西北干旱地区和地膜覆盖栽培，基肥和磷钾肥结合整地一次性施入；华北地区西瓜甜瓜基肥用量一般为60%左右，而在南方多雨地区，基肥约占总施肥量的 30%，且以迟效的土杂肥和磷肥为主，具体见表 2-1 西瓜甜瓜基肥施用表。

**表 2-1　西瓜甜瓜基肥施用表**

| 地区 | 西瓜 | 甜瓜 | 施肥方法 |
|---|---|---|---|
| 华北地区 | 贫瘠土壤亩施厩肥 3 000～5 000 kg，加饼肥 150 kg，中等土壤亩施厩肥 2 000～3 000 kg 加饼肥 100 kg。再加入过磷酸钙 40～60 kg 和硫酸钾 15～25 kg，或复合肥 30～40 kg | 厩肥 4 000～5 000 kg，饼肥 100 kg，过磷酸钙 50～80 kg，草木灰 50 kg，另外再混 20～40 kg 磷酸二铵或三元复合肥 | 撒施和沟施相结合 |
| 西北地区 | 腐熟厩肥 2 000～3 000 kg，三料过磷酸钙 30 kg 或磷酸二铵 20 kg，硫酸钾 15～20 kg 作底肥 | 5 000 kg 以上充分腐熟的有机肥，加上过磷酸钙 40～60 kg 和硫酸钾 15～25 kg，或复合肥 30～40 kg | 撒施和沟施相结合 |

续表 2-1

| 地区 | 西瓜 | 甜瓜 | 施肥方法 |
|---|---|---|---|
| 长江中下游 | 腐熟厩肥 1 000～1 500 kg，腐熟饼肥 75～1 00 kg，三料过磷酸钙 30 kg 或磷酸二铵 20 kg | 有机肥 1 500～2 000 kg，过磷酸钙 50 kg，三元复合肥 30～50 kg | 最好分两次，分层施入 |

## 26. 怎样进行西瓜甜瓜龟背式整地？

龟背式整地是把原来挖的瓜沟做成畦底，整成宽 30 cm 左右的平面，再将畦底两侧的土分别向畦背扒，使两沟间形成圆滑的龟背形，即成龟背畦。龟背畦的坡度要适宜，多在畦底处播种或栽苗，高地宜深些，低洼地宜浅些，壤土宜浅些；春季顺沟风宜浅些，横沟风宜深些。一般畦底深度约为 20 cm。

机械整地可用五铧犁带合墒器（或带磨）相向耕翻，犁深 30 cm，瓜沟即自然形成，然后在沟缘两边挖 2 条深 30 cm、相距 1.4 m 的施肥沟，肥料以重施有机肥为主，辅以化肥，将厩肥、化肥施入施肥沟内，肥料施入施肥沟后填平。瓜沟第 1 次深至 30 cm，沟宽 1 m，长 20～30 m，将播种带土向中央轻扒，稍低于畦面中部。整平播种带，铺膜播种，播种后浇第 1 水前挖深至 60 cm，从瓜沟挖出的土放在畦面中部，将畦面整成“龟背形”（拱形）即可。

## 27. 怎样进行西瓜甜瓜播前的种子处理？

（1）种子消毒。

①晒种。精选过的种子，摊在苇席、纸板、木板上暴晒。每隔 2 h 左右翻动一次，连晒 2～3 天。②温汤浸种。晒过的种子用 55℃左右的温水（用水量为种子的 5～6 倍）中，边浸种边搅拌，并持续 15 min 至水温降至 25～30℃。③热水烫种。对种皮较厚的西瓜种子及无籽西瓜的种子可用此法处理。将种子倒入 5 倍于种

子的70℃的热水之中，快速搅拌30 s，然后倒入冷水使水温下降到30℃。④药剂消毒。用50%代森铵水剂、50%多菌灵可湿性粉剂500倍液，将种子浸泡0.5～1.0 h，可防炭疽病和枯萎病。用10%的磷酸钠溶液浸泡20 min可钝化病毒。也可采用50%多菌灵500倍液拌种。药剂消毒后的种子一定要用清水将种子表面的药液和胶状物质冲洗干净，以免发生药害。

(2)催芽。将浸种冲洗干净的种子用湿布、毛巾等包裹或用湿沙、锯木屑拌匀，置于28～30℃条件下催芽，1～2天后，70%以上的种子胚根长0.3～0.4 cm，即可播种。

## 28.什么是配方施肥？如何进行西瓜甜瓜的科学施肥？

配方施肥是根据作物需肥规律、土壤供肥规律及肥料效应，以有机肥为基础，产前提出氮、磷、钾和微肥的适宜用量和比例的肥料配方以及相应的施肥技术的一项综合性科学施肥技术。“配方”是根据植物种类、产量水平、需要吸收各种养分数量、土壤供肥量和肥料利用率，来确定肥料的种类与用量，做到产前定肥定量；“施肥”则根据“配方”确定的肥料用量、品种和土壤、作物、肥料的特性，合理地安排基肥、种肥和追肥的比例，以及施用追肥的次数、时期、用量、施肥部位、施用方法等，同时必须坚持以“有机肥为主，化肥为辅，用地与养地相结合”。

北方地区基肥施用比例较高，生长期通过灌溉调节肥效，重点追施伸蔓肥和膨瓜肥；南方地区则相反，为满足西瓜生长需要，追肥的次数和数量要多。

(1)提苗肥。北方地区4～5片真叶期每667 $m^2$施尿素1.5～2.5 kg。南方地区在伸蔓前，浇稀人粪尿2或3次，每667 $m^2$每次施人粪尿20～30 kg，结合中耕松土效果更好。

(2)伸蔓肥。北方地区在伸蔓初期每667 $m^2$施尿素5～10 kg、硫酸钾3～5 kg；南方地区在伸蔓后每667 $m^2$施饼肥50～

70 kg 或腐熟的禽粪 500～750 kg。

(3)坐果肥。幼果鸡蛋大小时施用，北方地区每 667 $m^2$ 施尿素 10～15 kg，硫酸钾 5～6 kg；南方地区按每 667 $m^2$ 尿素或复合肥 0.7～1 kg 掺人粪尿中，浇施。

(4)膨瓜肥。在果实碗口大小时每 667 $m^2$ 施尿素 7～10 kg，硫酸钾 5～6 kg。采收前 1 周停止追肥。结果后期，可用 0.3%～0.4%的磷酸二氢钾和 0.2%～0.3%的尿素混合溶液进行根外追肥，一般每隔 5～7 天喷 1 次，连续 2 或 3 次。

### 29. 西瓜甜瓜对灌水有什么要求？

西瓜在播种或定植前灌足底水。西瓜幼苗期以不浇水、少浇水、多中耕为原则，促进地下根系的伸展。在西瓜生长中后期及果实膨大期，应增加浇水的次数和浇水量。果实停止膨大后，要控制浇水。一般早熟品种在采收前 3～5 天、中熟品种在采收前 5～7 天、晚熟品种在采收前 10～15 天停止浇水。每次浇水水量要适中，小半沟水，切忌大水漫灌，淹过畦面，浸泡植株。进入雨季，要注意雨后排水，防治病害发生。

早春温度低，浇水应在中午前后温度高时进行，进入高温季节，浇水应在早晨或傍晚温度较低时进行。

### 30. 西瓜甜瓜如何进行倒蔓、压蔓？

倒蔓，即在西瓜甜瓜幼苗期后，瓜蔓长 30～50 cm 时，将根茎或瓜蔓向预定的一侧压倒用泥土拍实固定。

用泥土或枝条将瓜蔓每隔 3～5 节压住或固定称为压蔓(图 2-1)。压蔓分明压、暗压等方式。

压蔓要求严格及时，最好在午后进行。压蔓时要注意：坐果雌花前后 2 节不压，以免损伤幼瓜，从雌花节到根部的瓜蔓轻压，雌花节到顶端的 2～3 节重压，控制瓜蔓顶端生长。压蔓要使瓜蔓分

图 2-1　压蔓

布均匀，不压叶片。茎叶生长旺盛时应重压、深压以控制茎端过快生长，促进坐果；植株生长势较弱时，应轻压。

## 31. 西瓜甜瓜的整枝方式有什么不同?

(1)西瓜整枝。西瓜整枝方式常见的有单蔓整枝、双蔓整枝、三蔓整枝。

①单蔓整枝。保留主蔓，摘除所有侧蔓。通常果实较小，坐果率不高，但成熟较早，主要用于小果型品种和早熟密植栽培。

②双蔓整柱。除保留主蔓外，在主蔓的基部选留一条健壮侧蔓，摘除坐果节位前所有侧蔓。一般主蔓留瓜，也可在侧蔓上选留。早熟栽培或土壤比较瘠薄的地块较多应用。

③三蔓整枝。除保留主蔓外，选留 2 个生长健壮的侧蔓，在主蔓坐果节位前摘除所有侧蔓。三蔓整枝坐果率高，果形较大，是露地西瓜栽培中、晚熟品种常用的整枝方式。

(2)甜瓜整枝。甜瓜常见整枝方式主要有单蔓整枝、双蔓整枝、多蔓整枝。

①单蔓整枝。主蔓不摘心，瓜前留 2～3 叶对子蔓摘心，选留第 4～5 节或上中部的子蔓结瓜，上部的子蔓酌情放任结果，适时摘心或疏除。主要用于极早熟品种。

②双蔓整枝。是甜瓜生产上广泛应用的整枝方式。在幼苗3～5片真叶时进行主蔓打顶摘心，子蔓伸出后选留2条节位适当、生长健壮的子蔓，其余子蔓全部摘除，将选留的2条子蔓引向畦面均匀伸展。子蔓长35～40 cm，7～8节时摘心，留孙蔓结瓜。孙蔓上只留1个瓜，瓜前留2～3片真叶摘心。

③多蔓整枝。主蔓4～6片叶打顶，在长出的5～6条子蔓中选留上部较好的3～4条子蔓，使其均匀地分布在田中。在子蔓上选留带雌花的孙蔓结瓜，摘除不带雌花的孙蔓。若孙蔓化瓜，可对孙蔓摘心，促生曾孙蔓结瓜。

## 32.西瓜甜瓜坐果期管理有哪些关键措施？

西瓜甜瓜靠昆虫进行授粉，若开花前遇阴雨天，温度低，可采用人工授粉、涂抹生长素、放蜂等措施（图2-2）促进坐果。开花坐果期要防止植株徒长，控制大肥大水，对徒长的植株，通过扭梢和授粉后摘心等措施以提高坐果率。

图 2-2　人工授粉

(1)松蔓。当果实生长到拳头大小（授粉后5～7天）时，将幼瓜后瓜蔓上压的土块去掉，或将压入土中的瓜蔓提出土面放松，以促进果实膨大。

(2)选果定瓜。当幼瓜长到鸡蛋大小时，选择果型正常、符合本品种特征的幼瓜留下，去掉不符合标准的幼瓜，摘除留瓜部位较近或果型不正、带病或受伤的幼果。

(3)顺瓜。顺瓜是在果实长到核桃大时，将瓜下面做成斜坡高台，然后将幼瓜顺斜坡理顺摆好，使之能顺利发育膨大。

(4)盖瓜。夏季高温，容易引起果皮老化、果肉恶化和雨后裂瓜，要进行盖瓜，一般用坐果节位的侧蔓盘于瓜顶上，也可以用麦秸、草等覆盖在西瓜上，防止晒伤瓜。

(5)垫瓜。浇水后或多雨季节和多雨地区，为减轻病虫危害，防止污染及雨水等浸泡，要在果实下面垫上草圈或麦草，保证果实发育周正。

(6)翻瓜。在采收前10～15天，一般每隔2～3天翻动瓜1次，每次翻转90°左右，并顺一个方向翻转，一般翻瓜3或4次瓜面色泽均匀即可。翻瓜应在傍晚进行，清晨、雨后及浇水后不宜翻瓜。若遇阴天，还应增加翻瓜次数。

(7)竖瓜。采收前4～5天，当果实八成熟时，为使果实发育更趋圆整，色泽良好，把瓜竖立起来，并在瓜下垫草圈或麦草防止烂瓜。

(8)吊瓜。保护地栽培中或露地立架生产中，当幼瓜长至500 g左右时把幼瓜及时吊住，用无弹性、面积宽的软塑料绳拴住幼瓜瓜柄，拉紧后系于上部钢丝上(甜瓜用)；或用网兜及时将果实兜住(西瓜用)，然后吊于铁丝上，防止落瓜(图2-3)。

图2-3　吊瓜

### 33.如何防治高温对西瓜甜瓜果实的伤害?

夏季高温和强光暴晒，容易引起果皮老化、果肉恶化和雨后裂瓜,发生日烧,因此要进行盖瓜。一般用坐果节位的侧蔓盘于瓜顶上,也可以用麦秸、杂草等覆盖在西瓜上,以此防晒护瓜。高温干旱地区注意选择皮色浅的品种栽培,果皮皮色深的品种较颜色浅的品种易受阳光暴晒引发日烧。保护地栽培在持续高温季节,可采用遮阳网短期覆盖或套袋降温。在生长前期加强肥水管理,增施磷钾肥,可以提高西瓜甜瓜的抗性。

## 34.美化果实外观的管理措施有哪些?

(1)套袋。在日照过强、温度过高的条件下,西瓜甜瓜易产生日灼,有些品种西瓜和薄皮甜瓜会出现裂瓜现象,厚皮甜瓜中白色、黄色品种易出现果皮变绿现象,以致影响商品形象。为防止日灼、裂瓜和果皮变绿,可套袋。套袋可使果面干燥,网纹突出。一般在果实核桃大小时,进行第一次套袋,用报纸作材料。果实发育中期,网纹开始形成时,换用白色牛皮纸袋套袋,保护地吊蔓栽培可用塑料薄膜套袋(图 2-4)。于收获前 7～10 天去袋,去袋以阴天进行为宜,避免阳光直射造成日灼。

图 2-4　套袋

(2)擦果。在厚皮甜瓜网纹发生初期,用较粗糙的毛巾,浸上代森锌 400～600 倍稀释液,或百菌清 800 倍稀释液,稍用力擦拭果实表面。擦果从看得见网纹的轮廓时开始,每 5 天擦 1 次,共擦 3～4 次。擦果后,可对果实表面消毒;并通过弄伤已隆起的网纹,使其产生愈伤组织,从而使网纹的隆起更加良好。

## 35.如何进行西瓜甜瓜的采收?

首先,正确判断西瓜甜瓜采摘的适宜成熟度。销往当地市场的，应采摘九成以上熟的瓜，并于当天下午或次日供应市场；长途运输外销时，可适当提前1～2天，采摘八九成熟瓜。切忌采生瓜，尤其是甜瓜成熟度不足时品质较差。采收西瓜甜瓜应选择晴天上午露水干后，切忌烈日下采摘，皮薄易裂瓜的西瓜更应在傍晚采收，以防裂瓜。采收时用剪刀将果柄从基部剪断，不伤其他瓜蔓，每个果留一段绿色的果柄，呈“T”字形（图2-5），最好带一叶，要轻拿轻放，防止外伤和内伤。采收后的瓜，最好是分级堆放，分级销售，按级定价。

图2-5 “T”字形采收

其次，西瓜甜瓜成熟度可根据以下方法进行判断：

(1)根据果实发育的天数判断。西瓜从雌花开花到果实成熟，一般小果型品种25～26天，早熟、中熟品种30～35天，晚熟品种在40天以上。甜瓜，早熟品种从雌花开花到果实成熟需35～40天，中熟品种需45～50天，晚熟品种需65～90天。开花期可作标记，然后按品种果实成熟日期采收。为确保果实成熟，可结合抽样切瓜检验。

(2)根据果实外观特征判断。果面出现品种特有的皮色、条带、花纹，果面具有光泽，脐部、蒂部略有收缩，甜瓜出现网纹、香味等，部分品种果柄着生处形成离层。

（3）根据果柄和卷须的特征判断。西瓜果柄上茸毛稀疏或脱落，坐果节位的卷须枯焦1/2以上，要注意区别与机械损失而引起的干枯。

（4）根据果实相对密度判断。成熟瓜放入水中会浮起来，1/20～1/10露出水面即为熟瓜。

（5）根据果实弹力判断。成熟西瓜用手指压其蒂部感到有弹力，稍用力即有果肉开裂的感觉。用手指弹西瓜，声音清脆为生瓜，沉稳、稍浑浊为熟瓜，沙哑则为过熟瓜或空心瓜。甜瓜果顶变软，果肉富有弹性，尤其是果实的脐部。

## 36. 如何改进和提高西瓜甜瓜的质量？

①选用优质高产、含糖量高的品种；②在昼夜温差大的地区或沙土地种植，果实质优味甜；③科学安排播种期，使果实膨大期处于昼夜温差大的季节；④采用保护措施，多种形式薄膜覆盖，使西瓜甜瓜提早种植，避开雨季，防治采收时雨水过多而降低西瓜的含糖量；⑤合理施肥浇水，重施基肥，以有机肥为主，增施硼肥，追肥时避免单独使用氮肥，增施磷、钾肥和硼肥，采收前控制浇水；⑥严格把好采收期，根据市场远近来确定西瓜甜瓜采收的适宜时期，确保西瓜甜瓜优良品质，争取在质量最佳期采收；⑦加强植株管理，防治好病虫害以及一些生理障碍，尤其应加强中后期的管理，延缓植株衰老，保持植株正常的生长势，以保证果实生长发育所需要的养分供应。

## 37. 西瓜甜瓜为什么可以进行再生？

西瓜甜瓜可以再生栽培是因为西瓜甜瓜植株基部的潜伏芽具有再萌发成新茎蔓的能力，加以培育利用，从而可以再次结果。西瓜甜瓜再生栽培在早熟栽培的果实采收后，充分利用生长季节和适宜的气候条件，及时割除老瓜蔓，加强肥水管理，促使其重新抽蔓、开花、结果，实现一次种植两次收获。再生栽培一般适于中早熟品种，植株割蔓生长势及分枝力强、抗病优质、丰产，尤以嫁接栽培的植株最适宜。

## 38.西瓜再生技术要点有哪些?

西瓜再生技术在早熟西瓜栽培中较常用。5月底至6月初，早熟西瓜采收后，在植株主、侧蔓基部各保留10 cm左右剪掉老蔓。此期外界气温较高，日照充足，剪蔓后新梢萌发快，4～6天后主侧蔓基部的潜伏芽即可萌发抽生新蔓。

(1)病虫害防治。割蔓后及时清秧，去除病叶残叶，清洁田园，并用甲基脱布津、多菌灵、百菌清等对新割蔓的根茎部消毒，施药防病。再生西瓜生长势一般较弱，应加强对霜霉病、叶枯病等病虫害的防治。

(2)追肥浇水。割蔓后及时追肥浇水，结合浇水每667 $m^2$施尿素、硫酸钾各10 kg或施氮磷钾三元复合肥20 kg。开花坐果前，开沟追肥。幼果坐住后，结合浇水追施尿素和氮磷钾三元复合肥，以壮秧促果膨大。

(3)植株调整。西瓜再生后所发新蔓长势一般较弱，叶片也较小，应于蔓长30 cm时选长势良好的新蔓进行双蔓或三蔓整枝，剪除多余侧蔓，留瓜节位多选第2或第3朵雌花。为确保坐果，对所留主、侧蔓上的雌花于开花后均进行人工授粉。并于幼果坐稳后再在适宜的节位选留1个幼瓜，将其余的及时摘除。

# 三、西瓜甜瓜保护地栽培

## (一)育 苗 技 术

### 39.西瓜甜瓜育苗前应做好哪些准备工作?

(1)苗床准备。目前生产上苗床的种类主要有冷床和温床两大类。苗床设置在设施中,应选择避风向阳、排水良好、近年没有种过瓜类作物、接近大田的地段。

①冷床(阳畦)。冷床一般在 3 月中、下旬后使用,利用透明覆盖物,白天利用太阳辐射能提高床温,夜间利用草帘覆盖保温。冷床形式有拱形和单斜面两种。拱形冷床,南方地区常用;单斜面冷床,北方地区常用。苗床的方向,拱形的以南北方向延长为宜,可使床内受光均匀;单斜面苗床,以东西方向延长为宜,斜面向南,提高保温性。

②温床。温床又分为酿热温床、电热温床、火炕温床等。

酿热温床,利用生物酿热释放的热量,提高床温。

电热温床,利用电热线提高地温,并根据需要随时调节温度。在苗床的床底先铺 10～12 cm 的麦秸、稻草或草木灰作为隔热材料,铺平踏实后,上面再铺 3～4 cm 厚的细土,踏实。布线后铺上一层细沙，再铺一薄层稻草，最后铺设 5～6 cm 深的培养土或排放营养钵。电热温床每平方米苗床需要的功率，取决于当地的气候条件和育苗季节，北方地区一般需要 60～80 W，南方地区一般需要 50～70 W。

火炕温床，应在播种前 3 天烧火加温，一般于前半夜升温，后半夜保温，白天利用床上余热及日光增温，保持幼苗所需温度。

(2)育苗营养土(图 3-1)。用多年未种过瓜类作物的园土或大田表土、风化河塘泥，腐熟的人粪干、厩肥，加适量的磷钾肥堆制而成。最常见的营养土配比是：园土或大田土 1/2～2/3，腐熟厩肥 1/3～1/2，每立方营养土中加尿素 0.25 kg、过磷酸钙 1.5 kg、硫酸钾 0.5 kg 或只加入氮磷钾复合肥 1.5 kg。过磷酸钙、有机肥要捣碎过筛，充分拌匀消毒后使用。消毒时每 1 000 kg 营养土，用 40%福尔马林 200～300 mL 加水 25～30 kg，搅匀后喷到土里，然后覆盖塑料薄膜闷 2～3 天，然后摊开营养土使药气散尽后使用，或每立方营养土混入 50%甲基托布津可湿性粉剂或 50%多菌灵可湿性粉剂 0.08 kg，80%敌百虫可湿性粉剂 0.06 kg 或辛硫磷颗粒剂 0.5 kg。

(3)护根育苗容器。西瓜甜瓜育苗过程中应采取各种保护措施，最大限度地减少移栽时的根系损伤。常用的容器有塑料钵、育苗穴盘、纸钵、营养土方等，塑料钵、纸钵应放在同一水平上，码齐摆紧，袋间缝隙用湿细土填充，以便保温保湿，防止破碎。

①塑料钵。根据育苗期的长短以及苗的大小选择确定型号，西瓜甜瓜护根育苗常用塑料钵有 8 cm×10 cm，10 cm×10 cm 两种。

②纸钵。分纸筒钵和纸杯钵两种。纸钵成本低，取材广，可与苗一起定植，腐烂后成为土壤有机质，不污染环境。但护根保水能力较差。

③塑料穴盘。多用于基质无土育苗(图 3-2)。分 72 穴盘，128 穴盘和 200 穴盘等，育苗穴的规格有 1.5 cm×1.5 cm×2.5 cm、

5 cm×5 cm×5.5 cm 等。西瓜甜瓜护根育苗中多用于育接穗。

图 3-1 营养土配制

图 3-2 基质无土育苗

④营养土方。营养土方又称营养土块，在做好的育苗床内，把填入的营养土按照一定尺寸大小切割成营养土方块。营养土方规格有 10 cm×10 cm、15 cm×15 cm 两种。该法简便省工，经济适用，适合大批量自制，但移栽时易散坨伤根，定植后缓苗慢。

## 40.西瓜甜瓜育苗应掌握哪些关键技术？

西瓜甜瓜培育适龄幼苗的关键是苗期管理，重点是调控苗床内温度（表 3-1）、湿度、光照和苗期病害的防治等。

表 3-1 调控苗床内温度的温度管理表

| 阶段 | 温度管理 | 注意事项 |
| --- | --- | --- |
| 播种到子叶出土 | 适宜温度 28～30℃，最低温度 16℃ | 密闭苗床，夜间覆盖草苫保温 |
| 大部分出苗到第 1 片真叶出现 | 降温，白天 20～25℃，夜间 15～18℃ | 防止下胚轴过分伸长，形成高脚苗 |
| 第 1 片真叶展开后 | 白天温度 25～28℃，夜间 8～10℃ | 促进幼苗生长 |
| 定植前 7～10 天 | 炼苗，白天温度降到 18～22℃，夜间苗床温度控制在 16～18℃，气温控制在 12～16℃，短时可降到 8～10℃ | 保护地栽培可轻炼，露地栽培应重炼 |

（1）湿度管理。西瓜甜瓜播种后苗床覆盖薄膜，保温保湿（图 3-3）。播种前浇透底水，出苗后土表裂缝可用湿润细土撒于畦面。当真叶展开后，随着床温的升高，通风量增加，蒸发量增强，应注意浇水。浇水应在晴天上午进行，用喷壶喷适量的温水，浇后待水汽散失后覆膜，防止床内湿度过大。随着幼苗的生长，浇水量和次数应增加。纸钵苗空间大，蒸发量大，应适当多浇；塑料钵苗应少量多次；营养土块苗，应适当少浇。定植前数天，应停止浇水，降温炼苗，提高幼苗适应性和抗性。并防止纸钵、营养土块破碎。

图 3-3　湿度管理

（2）光照管理。西瓜甜瓜喜光，幼苗期要特别注意增加苗床光照。尽量使用“无滴”膜覆盖苗床，要经常保持塑料薄膜清洁；尽量早揭晚盖草苫，使幼苗多见阳光；注意通风排湿，防止苗床的棚膜下形成露珠影响光照强度。连续阴天后突遇晴天，易发生幼苗萎蔫或瘫软现象，此时应立即盖草苫遮阳，或采取草苫时盖时揭的办法，待幼苗恢复正常后再全部揭去草苫。

（3）病虫害防治。西瓜甜瓜苗期病虫害主要有猝倒病、炭疽病、潜叶蝇、蚜虫等，主要采用控制苗床湿度、定期喷药等措施进行防治。整个苗期做到预防为主，喷 50%甲基托布津可湿性粉剂 600 倍和 75%百菌清可湿粉剂 500 倍混配使用。

（4）炼苗。定植前幼苗锻炼，对瓜苗进行降温、控水，适当抑制幼苗生长，以增强幼苗的抗逆能力和适应性，使之适应露地的气候条件，使成活率提高，缓苗过程缩短。炼苗期间如有刮风、下雨、寒流等天气应及时加盖覆盖物，严防苗床淋雨，在气温允许的情况下仍应通风，降低空气湿度。

## 41.如何进行西瓜甜瓜的冬春育苗?

西瓜甜瓜的冬春育苗壮苗的标准是30～35天,3～5叶适龄大苗。

(1)苗床的设置。在保温增温性好的设施内,采用温床育苗。苗床一般设在温室或大棚的中部温光条件最优越的部位,方向与大棚一致,高畦,畦上架小拱棚并覆盖农膜、草苫等,多层覆盖保温(图3-4)。苗床温度应掌握在15℃以上,最低不低于13℃,同时防止土壤湿度过大。

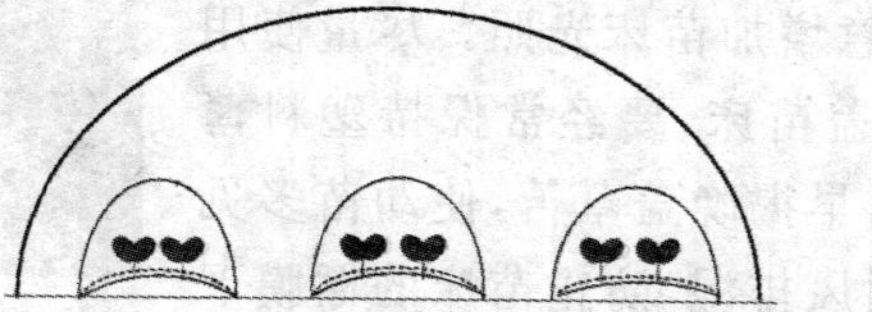

图3-4 温床育苗

(2)做好苗床分段变温管理。炼苗时结合分级选苗,严格淘汰弱苗、僵苗、不良苗,同时移动营养钵位置囤苗、蹲苗。

(3)做好肥水管理和病虫害防治。苗床底水足则育苗期内不再浇水,若缺水则前期覆湿土以增湿保温,后期可适当喷小水;当出现缺肥症状时,可以适量叶面施用磷酸二氢钾。

(4)放风时应注意问题。当苗床内温度较高的情况下,苗床放风要由大到小,逐步进行,若骤然放大风,幼苗不适应会引起叶片萎蔫,出现闪苗。一般在中午时放风较好,要注意遮阴避免使幼嫩的小苗突然见到强烈的阳光而出现烤苗现象。另外,揭膜通风或降温锻炼过早,或营养不足,幼苗生长缓慢等,容易形成小老苗。

(5)连作多年地块采用嫁接育苗(略,见后)。

### 42.夏秋西瓜甜瓜怎样进行育苗?

(1)小苗定植。播期比直播提早 5～7 天,苗龄 10～20 天、1～2 叶 1 心时定植最好。

(2)搭建避雨遮阳育苗床。因光照强和多雨,有时出现高温干旱天气,易诱发病毒病,因此严格防蚜治蚜。苗床应建在地势高燥、通风及透光良好的地方,并在苗床上架小拱棚防雨,晴天上午 10:00 至下午 3:00 盖草帘、银灰色遮阳网或尼龙纱网等,搭花荫遮光降温,或周围搭挂银灰色塑料条以避蚜虫。

(3)防止产生高脚苗。由于夏秋西瓜甜瓜育苗期正处于高温阶段,容易徒长形成高脚苗,因此出苗后应设法降低出苗后的床温,适当控制浇水。

(4)加强病虫害防治。较多发生立枯病、猝倒病、蚜虫、螨类、斜纹夜蛾等,在进行农业综合防治的基础上加强化学防治。

### 43.西瓜甜瓜连作有哪些危害?如何防治?

西瓜甜瓜土传病害枯萎病,是一种严重威胁西瓜生产的病害,病原菌主要在土壤中越冬,可在土壤中存活 10 年以上,借土壤、肥料、灌溉水和种子进行传播,在地下根系和根茎部的伤口侵入发病。此外,瓜长期连作导致土壤中某些营养元素的贫乏和植株根系分泌物和残留物的积累,产生自我毒害,影响植株的生长,出现连作障碍。

对于连作障碍主要采取以轮作为主的农业综合防治措施进行解决。轮作利用各种作物根系分布范围不同、吸收营养元素的种类和数量不同,以及根系残留物和病虫害的不同,达到防病和防止连作障碍的目的。旱地轮作周期要求 7～8 年,水田 3～5 年,水旱轮作可缩短轮作周期。

## 44.什么是西瓜甜瓜的土壤传播病害？有哪些特点？如何防治？

在土壤中生存的植物病原菌，从植株地下部或与土壤交接处的茎叶侵入而造成的病害，就叫做土壤传播性病害。西瓜甜瓜常见的土壤传播病害有根腐病、蔓枯病、炭疽病、疫病、枯萎病、立枯病、灰霉病、根结丝线虫病等。

土壤传播病害的发生是渐进的，如耕作方式改变、密集连作、忽视茬口安排，缩短轮作年限、长期肥料失衡、药剂不当使用等造成栽培环境变迁，土壤微生物种群失衡，初期为害程度不明显，但病原菌是呈级数繁殖，到发现时，往往呈暴发性危害而难以根治。土壤传播性病害可通过生物防治，栽培措施，如种子预处理，土壤酸碱值调整，科学施肥等，以及施用药剂等进行防治。

## 45.为什么说嫁接栽培是防病栽培而不是抗病栽培？

瓜类嫁接栽培是利用南瓜、冬瓜等抗病砧木嫁接瓜类，利用砧木的抗病性和强大根系使嫁接的瓜类得以在发病较重的地块上栽培。嫁接栽培主要是换了根，使瓜类不直接与土壤接触，从而使病菌不发生感染，主要是预防瓜类的土壤传播病害，可进行连作重茬栽培。由于嫁接后瓜类接穗的茎蔓部位一旦与土壤接触会产生不定根，不定根扎入土壤生长仍会发病。因此瓜类嫁接栽培是防病栽培而不是抗病栽培，生产中需要做好相关的防病措施。

## 46.西瓜甜瓜嫁接栽培在生产上有何意义？

西瓜甜瓜嫁接栽培的植株根系发达，生长健壮；吸收能力强，提高瓜类对水肥的利用率，增加产量，改善果实的品质；增强西瓜甜瓜的抗逆性，尤其减少了西瓜甜瓜植株发病，促进早熟，缩短轮作周期，克服西瓜连作障碍，提高土地利用率。

## 47. 西瓜甜瓜嫁接育苗如何选择砧木和接穗？

西瓜甜瓜嫁接育苗选择砧木和接穗，具体可见表 3-2 西瓜接穗及砧木选择和表 3-3 甜瓜接穗及砧木选择。

**表 3-2　西瓜接穗及砧木选择表**

| 常用接穗品种 | 主要砧木及其特性 | | |
|---|---|---|---|
| | 砧木种类 | 主要品种 | 特性 |
| 中育6号<br>蜜宝<br>新红宝<br>丰收2号<br>郑杂5号<br>新澄<br>新澄1号<br>蜜枚无籽1号<br>四倍体1号<br>黑珍珠<br>黑巨冠 | 瓠瓜（葫芦） | 长瓠瓜 | 抗枯萎病，亲和力强，较耐低温、潮湿，嫁接后生育良好，坐果稳定，对品质无不良影响 |
| | | 圆瓠瓜 | 抗枯萎病，亲和力强，耐旱，嫁接后植株生长健壮，坐果稳定，对品质无不良影响 |
| | | 长颈葫芦 | 抗枯萎病，亲和力好，较耐旱、涝、低温，嫁接后坐果稳定，对品质无不良影响 |
| | | 相生 | 抗枯萎病，亲和性好，耐瘠薄，耐低温，嫁接后坐果稳定，产量高，品质好 |
| | | 超丰 F1 | 嫁接后亲和力强，高抗枯萎病，抗重茬，叶部病害少，早熟高产，对品质无不良影响 |
| | | 其他如长白葫芦、长绿葫芦、南砧1号、南砧2号、韩砧1号、抗重茬1号瓠瓜等 | |
| | 南瓜 | 新土佐<br>早生新土佐 | 抗枯萎病，耐低温，嫁接后长势强，早熟高产，适合作保护地早熟栽培砧木；但与三倍体、四倍体西瓜亲和性差 |
| | 冬瓜 | | 耐高温，适宜做夏季高温期栽培的砧木 |
| | 野生西瓜 | 勇士 | 西瓜专用砧木，耐低温，亲和性好，坐果稳定，果实品质好 |

表 3-3 甜瓜接穗及砧木选择表

| 常用接穗品种 | 主要砧木及其特性 | | |
|---|---|---|---|
| | 砧木种类 | 主要品种 | 特性 |
| 厚皮甜瓜：伊丽莎白 状元 蜜世界 郑甜 1 号 | 南瓜 | 土佐系南瓜：新土佐、早生新土佐、超级新土佐 | 亲和力强，耐低温，干燥 |
| | | 其他有白菊座、金刚、锦甘露 | |
| | 甜瓜共砧 | 网纹最佳、绿宝石、大井 | 温室甜瓜专用，亲和力强，结果稳定，品质优良 |
| | | 园研 1 号 健脚 | 大棚甜瓜专用，亲和力强，耐低温，坐果稳定，品质优良 |
| 薄皮甜瓜：红城脆 | 冬瓜 | | 亲和力高，耐高温，果实品质好。适宜夏季高温期栽培 |
| | 其他有丝瓜、瓠瓜等 | | |

## 48. 西瓜甜瓜嫁接育苗工作一般包括哪些程序？各有什么特点？

西瓜甜瓜嫁接育苗工作主要包括以下程序：

(1)准备苗床。包括砧木、接穗培育苗床和嫁接苗管理苗床。

(2)培育嫁接用苗。西瓜甜瓜嫁接方法不同，所要求用苗标准不同，应根据不同的砧木、接穗嫁接组合，适期播种(图 3-5)。

图 3-5 培育嫁接用苗

(3)准备嫁接工具。不同嫁接方法对嫁接用具要求不同，常用的有刀片、嫁接夹、竹签或铁签、不锈钢连接柱等。所有嫁接用具使用前要消毒处理。

(4)准备嫁接场地。一般在温室、大棚内进行，要求场地内的空气宁静，不吹风，温度 25～30℃，白天不低于 20℃，夜晚不低于 15℃；空气湿度在 90%以上，保持散射光等。

(5)嫁接操作。嫁接前一天对砧木、接穗用苗消毒，嫁接用具消毒。嫁接操作要规范，接面的切口要平直，长度适中；接面贴合紧密，接口固定严密，嫁接动作要快，尽快将嫁接苗置于苗床内。同时要注意防病。

(6)嫁接苗的管理。嫁接苗的管理与嫁接苗成活率及壮苗率紧密相关。要求严格控制好温度、空气湿度和光照，尤其是嫁接后头 3 天要严格控制环境。

## 49.西瓜甜瓜的嫁接一般需要哪些用具?

(1)刀片。用来削切砧木和接穗的接口以及切除砧木苗的心叶和生长点。

(2)嫁接夹、不锈钢连接柱等固定夹或固定胶带。用来固定嫁接苗的结合部位。

(3)竹签或铁签(图 3-6)。用来挑拨去掉砧木苗的心叶和生长点，以及插接法中用于砧木苗茎顶插孔。

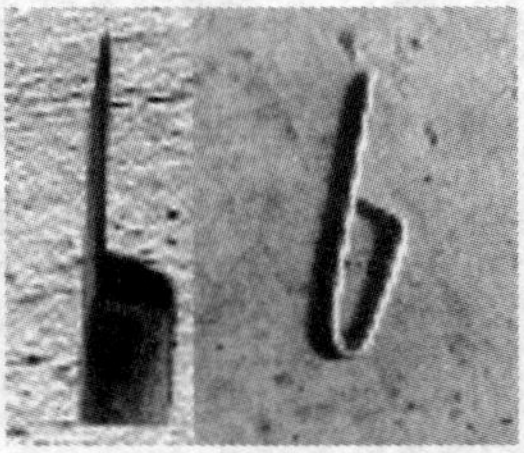

图 3-6　竹签和铁签

(4)运苗盒或苗箱。运装砧木、接穗和嫁接苗，可用木箱、纸箱或塑料箱。

(5)水桶或脸盆。盛装清水或消毒药液，便于清洗和消毒处理。

(6)工作台和板凳。多用长凳或普通高凳作工作台，便于嫁接操作，提高工效。

(7)塑料薄膜和小拱棚。塑料薄膜用来覆盖嫁接用苗和嫁接苗，防止水分散失发生萎蔫。嫁接苗尽快放入小拱棚内。

## 50.在嫁接过程中为什么要保持手、嫁接用苗和嫁接用具清洁？

砧木与接穗表面洁净，切面接合紧密，有利于愈合。如果手、嫁接用苗和嫁接用具表面有油污或泥土，会污染砧木与接穗的切面，妨碍正常贴合，降低成活率，还容易传播病害导致嫁接苗发病，因此在嫁接过程中要保持手、嫁接用苗和嫁接用具的清洁。

在嫁接过程中，预先准备一盆清水，将手用肥皂清洗干净，不沾油腻、烟垢等，起苗前砧木苗先用喷水冲洗，清洗去表面泥土，再用多菌灵 500 倍液或百菌清 600 倍液或高锰酸钾 1 000 倍液等喷洒茎叶消毒，接穗苗用上述药液喷淋或拔起浸洗(图 3-7)，待晾干后再嫁接。嫁接过程中始终保持手、起苗用具与盛苗容器洁净，不小心染上污物或切割了病苗，要用上述药液漂洗消毒。

图 3-7　药液浸洗接穗

## 51.西瓜甜瓜常用的嫁接方法有哪些？怎样选择砧木与接穗以及嫁接方法？

西瓜甜瓜嫁接的方法很多，简便易行、成活率高的方法主要有靠接法、插接和劈接法 3 种方法。

冬春季育苗，西瓜用瓠瓜作砧木，甜瓜用南瓜、黑子南瓜作砧木；夏秋季嫁接育苗砧木用冬瓜较好。嫁接时首先要保证砧木和接穗的嫁接适期相遇。一般通过调节播种期来实现，如以瓠瓜作砧木，采用插接和劈接法，要比接穗提前 5～7 天播种；采用靠接法，则比接穗晚播种 5～7 天。以南瓜作砧木，采用插接和劈接法，比接穗提前 3～4 天播种；采用靠接法，则比接穗晚 3～4 天播种。嫁接时要尽可能使砧木和接穗结合面大一些，使砧木和接穗的导管和筛管接触增多，迅速形成愈伤组织，促使水分和养分交流。顶接砧木孔应深些，接穗面宽而长些；靠接法于砧木下胚轴 0.5～1 cm 处用刀呈 45°下削，深达胚轴 1/3～1/2，而接穗向上削 45°深达胚轴 1/2～2/3，长度相等。再就是砧木与接穗结合要紧密，捆扎、加夹时要有一定力度，插接孔大小适当，接穗应插紧。

靠接见图 3-8。

图 3-8 靠接

插接见图 3-9。

图 3-9 插接

劈接见图 3-10。

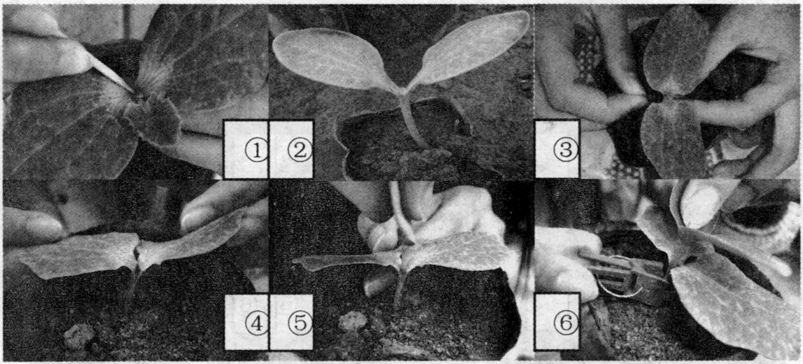


图 3-10 劈接

## 52. 西瓜甜瓜嫁接苗的管理要点有哪些?

西瓜甜瓜嫁接苗苗床管理的好坏直接影响到嫁接苗成活率，特别是最初 3 天的管理要精细。

(1)温度管理。前3天苗床白天温度控制在26～28℃，夜间在20～25℃，超过40℃或低于15℃都会影响成活率。白天光照较强时用黑色地膜、草苫、报纸等遮光防止高温，夜间覆盖保温。嫁接后4～5天适当通风换气降温。1周后按常规苗床管理，白天气温23～24℃，夜间18～20℃，土温24℃，定植前1周降至13～15℃，进行低温炼苗。

(2)湿度管理。嫁接前将苗床用水浇透，保证棚内空气湿度在95%以上。嫁接完毕用喷雾器喷水增加湿度(图3-11)，使接穗水分的蒸腾量达到最小，以提高成活率。棚膜要压实，以防降低空气湿度，湿度以叶片上挂水珠为宜。如湿度过低，可采用喷雾器地面、空间补充喷雾水分，但在伤口愈合前，勿浇水。3～4天后进入愈合期，一方面要防止接穗凋萎；另一方面要逐渐接触外界条件，在清晨、傍晚空气湿度高时换气，并逐渐增加通风时间和通风量，10天后按一般苗床管理。

图3-11 喷水增加湿度

(3)遮光。嫁接后苗床覆盖棉被、草苫、遮阳网或报纸遮光，避免高温和光线直射而引起接穗凋萎。2～3天后在早晨、傍晚除去覆盖物，使嫁接苗接穗散射光，并逐渐增加见光时间，1周后只在中午遮光，10天后恢复到一般苗床管理。遮光时间长会影响嫁接苗生长发育。

(4)通风换气。嫁接3天后，每天可揭开棚膜两端换气1或2

次。5天后嫁接苗新叶开始生长，逐渐增加通风量，10天后嫁接苗基本成活，可按一般苗床管理。

(5)其他管理。应随时除去用顶接法砧木子叶节萌发的不定芽。除不定芽时应注意防止损伤子叶。靠接法嫁接后7天左右，接口已愈合时，应靠近接口及时除去接穗的根部，同时及时摘除砧木上的不定芽，嫁接后15天除去接口处的包扎物。

### 53.西瓜甜瓜嫁接育苗容易发生的病害有哪些？怎样预防？

(1)立枯病。在西瓜甜瓜嫁接苗的根茎基部出现黄褐色长条形或椭圆形的病斑，病斑凹陷逐渐环绕幼茎，缢缩称峰腰状，病苗很快萎蔫、枯死，但病株不易倒伏呈立枯状。有时在病部及茎基周围土面可见白色丝状物(图3-12)。

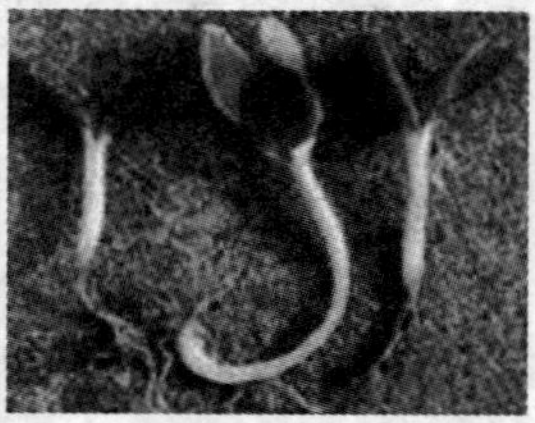

图3-12 立枯病

防治：药剂处理苗床或土壤及种子消毒，用30%苯噻氰(倍生)乳油1 000倍液浸泡黄瓜种子6 h后带药催芽直至播种。床土应选用无病新土，如用旧园土，有带菌可能，应该进行苗床土壤消毒。方法：每平方米苗床用95%恶霉灵原药(绿亨1号)1 g对水3 000倍液喷洒苗床，也可把1 g绿亨1号对细土15～20 kg，或30%多·福(苗菌敌)可湿性粉剂4 g，或25%甲霜灵可湿性粉剂9 g加70%代森锰锌可湿性粉剂1 g对细土4～5 kg拌匀，施药前先把苗床底水打好，且一次浇透，一般17～20 cm深，水渗下后，取1/3充分拌匀的药土撒在畦面上，播种后再把其余2/3药土覆盖在种子上面，即上覆下垫。如覆土厚度不够可补撒使其达到适宜厚度，这样种子夹在药土中间，防效明显。此外，可在发病初期喷淋3.2%恶甲水剂300倍液或15%恶霉灵水剂450倍液或95%恶霉灵原药(绿亨1号)3 000倍液、30%苯噻氰(倍生)乳油1 200倍液，每平方米喷2～3 L。

(2)苗期灰霉病。苗床低温高湿导致发病。嫁接苗地上部幼茎受害多在叶柄基部出现水渍状缢缩,后软腐变褐,其上端向下缢缩倒折。病苗色浅,叶片、叶柄发病呈灰白色,叶片一般由叶尖开始发病,初期水浸状,浅褐色,后期出现水渍状腐败,或叶片干枯死亡。高湿时在受害幼茎和叶片表面密生一层灰霉。受害幼苗一般地下根部正常(图 3-13)。

图 3-13 灰霉病

防治:①加强苗床管理,嫁接苗床搞好通风排湿工作,适量灌水,阴雨天或下午不宜浇水。②不偏施氮肥,增施磷、钾肥,培育壮苗,以提高嫁接苗自身的抗病力。③发现灰霉病病苗要及时拔除,喷洒铜氨合剂,或 70%百菌清可湿性粉剂 600 倍液等农药,隔 7~8 天喷 1 次,防止病害蔓延。

## 54. 为什么说西瓜甜瓜嫁接容易管理难?如何控制?

(1)加强嫁接苗成活期间管理。嫁接大多使用断根嫁接法,嫁接苗成活期间需要的水分和土壤养分完全依靠砧木切面提供,自身的抗逆能力极差,对高温、强光照、干旱、风吹等的反应比较敏感,极易因为水分供应不足发生萎蔫,最终导致嫁接苗死亡。而嫁接苗成活期间的弱光、高湿、密封等阴湿环境,容易引起西瓜甜瓜病害,造成嫁接苗因病死亡或形成弱苗。

(2)嫁接苗定植后适当减肥,控制生长,增加坐果。砧木根系发达，吸肥力强，地上部生长势旺盛，特别在定植后30天内，要根据砧木的种类适当减少施肥，防止徒长，提早坐果，再根据长势和坐果情况灵活掌握。西瓜以15～20节留瓜为宜。

(3)避免砧木萌芽和接穗自根。嫁接苗定植时接口一定要露出土面，并覆盖麦秸、稻草以防发生不定根。嫁接苗定植后仍需随时除去砧木上萌发的不定芽，以保证接穗的生长。

(4)病害防治。通过嫁接可以防治瓜类枯萎病的发生，但如忽视茬口安排，缩短轮作年限，会增加疫病、炭疽病的发生机会，或带来连作危害。因此，西瓜甜瓜嫁接栽培仍需采用农业综合防病措施，并及时使用农药，以减轻病害。

## (二)双膜覆盖栽培技术

### 55.西瓜甜瓜保护地栽培有哪几种栽培方式?

西瓜甜瓜保护地栽培方式有：小拱棚双膜覆盖栽培、大棚栽培、日光温室栽培、无土栽培等。

### 56.覆膜栽培有何好处，怎样覆膜?

地膜具有提高地温，改进土壤结构，促进养分转化，保墒防涝，防止土壤返盐，减轻病虫草害的发生，改善近地面小气候，促进西瓜甜瓜早熟、优质、高产。

常用的西瓜甜瓜地膜覆盖方式主要有以下2种：

(1)普通平盖。龟背畦、平畦或高畦覆膜时，将地膜展开水平铺盖在畦面上。

(2)改良覆盖。早春气温偏低，需要直播时，可在高畦或高垄上开5～6 cm深的浅沟或穴，覆盖单幅地膜，播种前期空盖，待瓜苗长到2～3片真叶时再落地作为地膜。起到遮天盖地的作用，使瓜苗出土后处于小温室的保护，不受风寒。

(3)窝棚或小行棚。沙田栽培条件下可将播种穴用一根约0.5 m长的竹竿或树枝弯成拱形横插在播种穴两边，中心高度约15 cm，覆盖一块约50 cm×50 cm的地膜，四周用沙粒压严防风，形成一个窝棚，幼苗5片真叶时炼苗后撤膜。或沿播种行单行搭建高约0.5 m，跨度0.8 m的小行棚。

## 57.怎样进行西瓜甜瓜早春双膜覆盖栽培?

双膜覆盖即地面覆盖地膜，上设小拱棚的早熟栽培方式。可解决北方早熟栽培中的提温保温和防风问题，又能克服南方春季低温阴湿和梅雨的不利影响，创造适宜西瓜甜瓜生长的小气候。

(1)育苗。选用早熟、优质、高产的品种，种子消毒处理。连作地最好进行嫁接栽培。

苗床铺设地热线，以提高地温，苗床上架设塑料小拱棚，并备有苇席、草帘等覆盖物。

播种选晴天上午进行，播完用地膜覆盖，四周密封保墒。出苗前苗床气温保持28～30℃，夜温18℃左右，地温18～22℃。子叶顶土时揭去地膜，适当降温，并注意增强苗床光照。

(2)整地施肥、做龟背高畦及扣膜。畦宽2 m，最好南北向，瓜蔓东西对爬，植株受光均匀。

(3)定植。选无风的晴天上午定植。采用双行高畦栽培，两行交错定植，使瓜苗呈三角形排列。株距30～40 cm，行距50 cm。按株距在地膜上割“T”形和“十”字形孔，并在高畦上挖坑和用打孔器打孔，向坑内浇水，水未完全渗下时栽苗。注意栽苗不可太深，覆土时将定植穴四周的地膜压严，并在定植株基部培一小土堆。定植时边定植边盖好棚膜，栽完一棚后，立即将棚封严，以提高棚内温度，促进缓苗。

(4)定植后的管理。

①温度调控。定植后1～5天，以增温保温促缓苗为主。定植后5～7天，新叶长出后，应以促苗快长为中心。棚温以30℃为宜，中午30℃以上时放小风，下午不足30℃时，及时关闭风口。

定植后伸蔓期，蔓长20～25 cm时，加大放风量，延长放风时间，上午棚温达到25℃时开始放风，下午降至25℃时关闭风口。当地晚霜期后15天左右，外界气温稳定在18℃以上，最低气温稳定在12℃以上时可撤棚。撤棚前3～5天逐渐加大放风量，延长放风时间，最后过渡到夜间不加覆盖，撤膜。

②肥水管理。双膜覆盖前期以保温为主，一般不灌水。如果底水不足，可在伸蔓期浇1次水。幼瓜长至直径5 cm左右，已褪毛并开始膨大时，结合浇水，追1次膨瓜肥，每667 $m^2$施氮磷钾复合肥20 kg。以后土壤保持见干见湿。为防止植株早衰，可叶面喷施0.3%的磷酸二氢钾，每7～10天喷1次，能促进果实的膨大，显著提高西瓜品质。采前7天停止浇水。

③植株调整。一般采用单蔓整枝或双蔓整枝。

④果实管理。双膜覆盖西瓜甜瓜开花期为提高坐果率，雌花开放后，必须进行人工授粉。于早晨7:00～9:00时授粉，1朵雄花可为2～3朵雌花授粉。

西瓜多选主蔓第二或第三雌花所结果实，双蔓整枝的植株，一般主、侧蔓各留一个果实；甜瓜子蔓孙蔓坐果。当瓜长到小碗大小后，膨瓜期要做好垫瓜、翻瓜、竖瓜、盖瓜等工作。

(5)病虫害防治。西瓜甜瓜育苗期和生长前期都是在相对密闭的棚室内，温度低，湿度大，易发生病害。后期易受蚜虫危害，也会发生枯萎病、炭疽病、病毒病等病害，应注意采取综合防治措施。

(6)采收。根据采后是否长距离运输等适时采收。东北地区西瓜甜瓜上市期可在7月中下旬；华北地区5月底至6月上中旬；江、浙、沪地区和四川可在6月上中旬上市。

### 58.如何种好秋延晚西瓜甜瓜?

(1)采用银灰色地膜覆盖,以驱避蚜虫,避免蚜虫传毒引发病毒病。

(2)肥水管理。遇到干旱,及时浇水,雨天要注意排水防涝。前期每5～7天喷1次防蚜药剂、植病灵和病毒A,连喷2或3次。

(3)整枝打杈及人工辅助授粉。单蔓整枝或双蔓整枝。植株容易发生徒长,坐果比较困难,可扭梢以控制徒长,控制结果部位。

(4)坐果期管理。进入果实膨大期要加强肥水管理,每667 $m^2$ 遍施磷酸二氢钾25～30 kg,结合浇水进行。气温30℃,昼夜温差较大最为理想。

(5)扣棚。早霜来临前20天左右扣小拱棚。秋延迟西瓜甜瓜行距2 m,扣盖2 m宽、高1 m的小拱棚。瓜前5或6叶摘心,营养蔓延长,可在扣棚时向棚中间扯回:扣棚前喷0.3%～0.5%磷酸氢钾2次。秋延迟西瓜甜瓜在早霜来临前即可采收。

## (三)大棚西瓜甜瓜栽培技术

### 59.大棚西瓜甜瓜的早熟高产栽培技术要点有哪些?

(1)棚内温、光控制。幼苗定植后至伸蔓前大棚内短期扣盖简易小拱棚,再在地面加盖地膜成为三层覆盖,以保温为主,紧闭棚膜,夜间加盖草苫,多层覆盖。以后随着幼苗的生长逐步拆除小拱棚,棚温控制在15℃以上,土温12℃以上为宜。白天温度高时可揭小棚膜通风,以提高透光量,伸蔓期适当降温,促进雌花发育。白天25～28℃,随着气候转暖,通风量和通风时间逐渐增加。开花结果期需较高的温度,控制在30～32℃,临近果实成熟应增大温差,提高品质,切忌高温闷棚,以防早衰和品质下降。

(2)人工辅助授粉。西瓜甜瓜人工辅助授粉在上午 7:00～9:00进行,阴天可适当延后。在授粉过程中,动作要轻,不能用手触摸子房,以免受到机械损伤而影响坐果。花期遇雨天,可用纸帽或塑料袋套在次日将开放的雌花上防雨,同时将次日开放的雄花取下带回室内。第二天清晨,雄花正常开放散粉时,将其带到田间,取下雌花的纸帽进行授粉,授粉完毕再戴上纸帽防雨,以确保授粉成功。

(3)肥水管理。在浇足底水,施足基肥和重施长效肥的基础上,适期追肥浇水,保持肥水均衡供应。

人工补充二氧化碳。①在棚内堆积新鲜马粪,在发酵过程中可释放二氧化碳,每立方米堆放 5～6 kg;②燃烧丙烷气体产生二氧化碳,在 667 $m^2$ 面积的大棚内,燃烧 1.2～1.5 kg,就可使大棚内的二氧化碳浓度提高到 1.3 mL/L,可根据大棚的面积确定燃烧丙烷的数量;③焦炭二氧化碳发生器施肥,在焦炭充分燃烧时可释放出二氧化碳;④在不易被腐蚀的塑料容器中放入浓盐酸,再加入少量石灰石(碳酸钙),通过化学反应可产生二氧化碳。二氧化碳施肥的时期主要在西瓜甜瓜生育盛期,特别是果实发育期,上午时植株光合作用最旺盛时施用,通风前 30 min 停施用,最佳浓度为 1～1.5 mL/L。此外,必须采取通风换气的方法,使棚内气体保持新鲜,防止有害气体积累。

(4)以防为主,对症下药,严防病虫害。以农业防治为主,结合药剂防治,药剂应用广谱性农药,注意选用针对性强的农药,特别注意在雨雪天前和浇水前使用。密闭大棚,有利于使用烟雾剂,不但防效好,而且节约用药。

## 60.大棚西瓜甜瓜生产如何进行扭梢?

植株生长过旺时,可重捏或轻扭雌花前茎蔓,破坏养分向顶端输送。在雌花开放阶段,若植株徒长而不易坐果;秋季栽培的西瓜甜瓜雌花分化较晚，不易坐果；或遇不利天气，推迟坐果，可在雌花前边 3～5 叶处把茎扭伤，两只手的拇指和食指分别捏住瓜蔓，相对转动 90°，或者在幼瓜后边的茎蔓上用力一捏，听到“咳叭”一声，这样可使幼瓜坐得稳，防止化瓜。同时配合进行摘心，控制营养生长，促进生殖生长。

## 61. 夏秋大棚西瓜甜瓜栽培的关键技术措施有哪些?

(1)品种选择。塑料大棚秋延迟栽培应选用抗病、耐低温、结果能力强，耐湿性好、适合保护地栽培的早熟或极早熟品种。西瓜如郑抗 6 号、庆农 3 号、日本早红蜜等。厚皮甜瓜可选中甜 1 号、丰甜 1 号、伊丽莎白、西博洛托等。

(2)整地施肥。整地、施足基肥、做畦，畦面覆盖黑色地膜，膜下铺设塑料滴管。

(3)田间管理。秋延迟西瓜甜瓜可采用干籽直播或只浸种不催芽的露地快速育小苗技术。一般在 7 月中、下旬至 8 月上旬播种，育苗苗龄 10～15 天、幼苗 1～2 叶 1 心时定植。

定植时，将幼苗栽在畦的两侧，株距 40 cm。定植后，大棚内只盖顶膜避雨，晴天温度过高时，大棚外顶部应覆盖遮阳网降温。9 月中、下旬起，要及时用裙膜，夜间闭棚，白天进行通风换气。西瓜采用双蔓整枝，每蔓留 1 果，并在瓜前留 10 片叶摘心。厚皮甜瓜多采用单蔓或双蔓整枝。整枝时前紧后松，坐瓜前严格整枝、去杈、摘心；瓜坐稳后不再整枝，放任生长。开花后进行人工授粉，瓜膨大期要进行 2 或 3 次翻瓜，并注意施肥浇水。

(4)采收。根据市场价格情况及时采收。如果在采收后准备储存一段时间，收获时在果柄的两端各留 10 cm 长的茎，用剪子剪断。留下的果柄可起到防止果实失水的作用，同时也能防止病菌从果柄侵入。

(5)病虫害防治。苗期主要病害有立枯病和猝倒病，生长期主要病害有病毒病和甜瓜蔓枯病，应及时防治。

### 62.如何生产带字西瓜?

“带字”西瓜是以装潢材料“黑色即时贴”为粘贴材料，采用电脑打字临摹的方法生产的贴字西瓜。带字西瓜的栽培要点与一般栽培西瓜基本相同，关键做好以下几点：

(1)选用适宜优良品种。选用大果，果面光滑，丰产性好，抗病力强，品质优，适宜本地栽培的品种，如特大新红宝、台湾抗病新露、台湾巨宝等优良品种作为带字西瓜的栽培品种。

(2)选好贴字材料，电脑刻字临摹。选用“黑色即时贴”，自带粘胶，粘的字牢，纸薄，防水防透光性好，弹性好，不易拉断，操作也很方便。剪的字能够防水防潮防透光，在西瓜表皮上粘贴得住，不脱胶。

事先用电脑将喜、贺、福、寿、吉、万事如意、生日快乐、祝你平安等喜庆吉祥字词，打印成各种标准美观的字体，瓜农用复写纸临摹于“黑色即时贴”上，并剪字。如家庭备有电脑也可直接在“黑色即时贴”上打字。

(3)掌握贴瓜时机，贴后稻草覆盖。过早贴字，易在西瓜膨大过程中造成字形移位，影响粘胶性能；过迟，瓜皮老化，贴后西瓜表皮字迹不明显或显现不出字模。因此应掌握在西瓜成熟转色之前半个月，选瓜形好、单瓜大的贴字(图 3-14)。将剪好的字贴于西瓜侧面，贴后覆盖茅草等稀薄草类遮阳，以防夏季高温造成“黑色即时贴”吸热烫伤西瓜表皮。经过 15～18 天，西瓜成熟采摘时再揭去贴纸，瓜皮上就会有明显的黄白色字迹，即可上市销售。

图 3-14　印字图案

## 63. 如何生产方形无籽西瓜?

方形西瓜(图 3-15)一般采用物理挤压模具等器具栽培,营养密度增大,口感更甜脆,同时方便包装和运输,储藏期延长,可达 2～4 个月;同时可以配上印字或图案。

(1)栽培方式。生产方形无籽西瓜一般采用地爬式嫁接稀植,不整枝,不打杈,每株结瓜 4～5 个,每 667 $m^2$ 栽 200 多株,每株保留枝蔓 20～30 条,坐瓜 7～8 个,定瓜 4～5 个。保持瓜形圆正,受光均匀。

**图 3-15　方形西瓜**

(2)模具制作。模具要求透光、通气、漏水、耐胀。生产上一般采用 3 种模具:一是由玻璃厂按规格直接注塑成型的玻璃模具,西瓜成熟后用玻璃刀破模取瓜;二是用有机玻璃按规格定制,用螺栓固定的模具,可反复使用多年;三是用螺栓将角钢与玻璃固定成型的模具(图 3-16)。模具通常为内径 15～25 cm 的正方体。台湾有用压克力制作模具盒,让果实朝四方形方向生长;还有发明的模具具有自动扩张能力,可以根据西瓜的生长而长大。

**图 3-16　固定成型模具**

(3)选瓜装模。玻璃一次成型模具因模口较小,须在西瓜授粉后,瓜柄挺直时装模。另两种模具待瓜长到接近模具大小时再装模。选择植株长势健壮,无病无虫,节位适中,瓜形圆正,色泽均匀,授粉后15天的膨大期西瓜装模。一般每株选择2～3个适合模具规格的瓜装模。装模时轻拿轻放,清除泥土沙粒,不可触摸瓜柄茸毛,放入模具后,把瓜柄嵌入玻璃圆孔中,使瓜柄和瓜脐垂直,扣上角钢方框,上紧螺栓。在坐瓜节位筑一个高于地面的小平台,把装模后的无籽西瓜顺于原来生长的方位,放在平台上,整理好枝蔓叶片,瓜上覆盖遮阳网或其他遮盖物,早晚揭,中午高温时盖,防止暴晒使其模具内温度过高而灼伤西瓜。

(4)管理采收。装模后的无籽西瓜生长5～7天后,每隔3～5天翻转1次。为防止人为操作对西瓜和瓜秧造成不同程度的损伤,应及时用0.5%尿素或磷酸二氢钾叶面喷施,同时增施有机肥,加强病虫害防治。坐瓜后20～30天应忌大水,适当控水以免降低西瓜糖度,采前7～10天停止浇水。成熟后及时采收,以免降低西瓜品质。采收无籽西瓜用剪刀保留3～5节剪断瓜蔓,连同模具、叶片带出田外,放在铺有毛毯的桌面上,打开模具,由专人戴手套拿出方瓜,在阴凉干燥处放置2～3 h,然后分级装箱。

## (四)温室栽培技术

### 64.温室西瓜甜瓜的灌溉技术要点有哪些?

日光温室西瓜甜瓜采用地膜覆盖栽培,膜下暗灌或隔行浇水等方法,减少地面水分蒸发,降低温室内湿度。幼苗定植后,如遇连续2天以上的晴天,于上午在暗沟中浇透定植水,以后保持土壤见干见湿。植株大约有10片叶时,暗沟浇水1次,追肥,以后仍保持土壤见干见湿。当幼瓜鸡蛋大时,浇一次透水,随水追肥。以后小水勤浇，保持土壤湿润，直至成熟前 7～10 天停止浇水。第一茬西瓜甜瓜采收施肥后浇大水，大小垄齐灌，随水冲入人粪尿。以后肥水管理同第一茬西瓜。

## 65.温室西瓜甜瓜如何增加光照?

改进温室结构，使冬春弱光季节一天中的有效采光面积大、采光时间长及室内受光更均匀；选用无滴膜，并保持棚面清洁，防止棚面附着草渣、尘土等，张挂反光幕，可以改善温室后部(弱光区)的光照条件(图 3-17)；地面采用地膜覆盖、膜下暗灌、适时通风降低室内空气湿度；及时揭放覆盖材料，延长光照时间；合理密植，控制植株高度，及时摘除老叶和不必要的侧蔓，控制合理的有效叶面积等均可改善西瓜甜瓜冠层内部的光照条件。

图 3-17　保持棚面清洁

## 66.温室西瓜甜瓜怎样进行保温?

栽培西瓜甜瓜的日光温室必须具备良好的采光、增温和保温性能，栽培前期正值严冬季节，华东、华北地区可以采用多层覆盖。在温室外层覆盖草苫或棉被子，棉被子与地面缝隙间围一圈草帘于四周；温室中央 2～2.5 m 高处，拉铁丝平铺，另加一层膜；地面采用地膜加小拱棚，保持冬季室内极端最低气温在 8℃以上。西北等高寒地区，最冷季节，室内用零时加温设备火道或暖气等加温。西瓜甜瓜生长最适温度为 18～32℃。定植后 5～7 天闭棚增温保温，白天气温保持在 28～32℃，夜间 15～20℃。当室内连续数日出现 32～35℃高温时在顶部扒缝放风；当温度降至 25℃时闭棚，达 15℃时覆盖草苫。一般前半夜温度保持在 15℃以上，后半夜降到 11～13℃，清晨最低温度应保持在 10℃以上。降雪并伴有大风天气时，不揭草苫或晚揭草苫。如连续数日未揭苫，或天气骤晴，可隔一苫揭一苫或中午暂时回苫遮阳，以免植株失水过多而萎蔫。进入结果期后，外界温度逐渐回升，为促进果实迅速膨大，白天保持在30～35℃，夜间15～20℃，连续数日出现35℃高温时放风降温。3月中旬至4月以后，随外界温度升高，将小拱棚撤掉，西北地区5月份将棚膜撤掉。

## 67.如何夺取温室西瓜甜瓜的丰收？

（1）温室类型及加温条件要求。西瓜甜瓜生长发育要求较高的温度，充足的光照，因此温室要有良好的增温性、保温性和透光条件，还应有临时加温设备，以确保在定植后生育初期，夜温在18℃，最低12℃以上；开花坐瓜期最低温度在15℃以上，昼夜温差10℃左右，地温20℃以上。

（2）栽培季节。华北地区日光温室栽培西瓜甜瓜一般在12至翌年1月份播种，1月下旬至2月上旬定植，4～5月份供应市场。西北地区一般在1～2月份播种，2月下旬至3月上旬定植，4～5月份供应市场。

（3）嫁接育苗。应注意选择耐低温、耐弱光的早熟优良品种，并进行嫁接育苗，以提高西瓜的抗病和抗逆性。

（4）整地施肥、做畦。定植前先进行土壤和温室空间消毒。每667 $m^2$ 施腐熟优质农家肥3 000 kg、普通磷肥50 kg、钾肥10 kg。南北向起垄开沟做畦，畦高20 cm，宽90 cm，畦间沟宽40 cm。进行地膜覆盖。

（5）定植。定植选择晴天上午进行，采用高畦畦边双行三角形定植，每667 $m^2$ 定植株数1 200～1 400株。定植时苗茎的土坨应稍高于地面。定植后2～3天内，选晴天上午浇缓苗水，浇水后加强通风排湿，白天温度保持在25～30℃，夜间16～20℃。

（6）田间管理。日光温室内空气相对湿度应保持在60%～

70%。进入 4 月上旬后，外界气温升高，可以撤掉地膜，通风量加大。缓苗后开花前，白天温度保持在 22～28℃，30℃以上时通风，夜间 14～18℃，尽可能加大昼夜温差，促根壮秧；开花结果期应以提高温度为主，同时要防止高温高湿。白天温度保持在 25～30℃，夜间 15～18℃，地温应保持在 16℃以上，空气相对湿度 40%～50%。厚皮甜瓜坐果期白天的适宜温度为 28～30℃，低于 18℃或高于 32℃不利于授粉坐瓜，且易产生畸形果。

①改善光照条件。冬春季节光照弱，为了保证光照条件，采用无滴大棚膜，及时清洁薄膜表面尘土，草苫等覆盖物适当早揭晚盖，让植株尽量多接受光照。有条件的可在温室后墙张挂反光幕或进行人工补光。

②施肥。日光温室西瓜甜瓜以基肥为主，在施足基肥的前提下，在栽培过程中，可不追肥或少追肥，并尽量减少浇水。开花坐果期加强田间管理，不可偏施氮肥，及时整枝打杈，控制瓜秧旺长。若植株生长细弱，可进行土壤追肥或叶面喷肥，增强植株长势。施用二氧化碳气肥，可增加光合强度，提高产量。一般在开花结果后开始施用，一直到产品收获前几天停止施用。每天早晨见光后 30 min 开始施用，通风换气前 30 min 停用。使棚室晴天 $CO_2$ 浓度保持在 0.1%～0.2%，阴天保持在 0.05%～0.1%。

③人工辅助授粉或激素处理。日光温室人工授粉以上午 9:00～11:00 进行最好。选择第 2 或第 3 朵雌花进行授粉，并对主蔓和侧蔓上的雌花进行授粉，以便结瓜后有选择地留瓜。授粉工作持续 7～8 天。授完一朵花要挂一个纸牌，每天授粉挂的纸牌颜色不同，要记录授粉的时间和纸牌颜色，可避免重复授粉，有利于采收。采收时鉴别好成熟度后，同时采收同一天授粉结的瓜。授粉时应注意涂抹均匀，用力不要过猛，以免碰伤柱头和子房。也可花期激素处理，用坐果灵或其他植物生长调节剂涂抹，或在开花当天或开花前 1 天喷洒雌花，可使不易坐果的厚皮甜瓜坐果率提高到 90%

以上，还可以促进早期果实的膨大。但要注意浓度适宜，涂抹均匀。

④植株调整。日光温室西瓜甜瓜一般采用吊蔓式栽培。西瓜采用双蔓整枝，植株甩蔓后主蔓用吊蔓绳吊起，侧蔓在畦上爬蔓，侧蔓封垄摘心，膨瓜时主蔓摘心。甜瓜采用一条龙整枝法。当幼瓜长到 0.25～0.50 kg 重时及时用网袋吊瓜。若出现徒长现象，应及时采用扭梢或压低龙头的绑秧方法抑制茎叶生长，促进营养物质向幼瓜分配。

(7)防治病虫害。常见病害有枯萎病、疫病、白粉病等，虫害主要是蚜虫、白粉虱等，要做到综合防治、预防为主，发现病虫及时配合药剂防治。

## (五)无土栽培技术

### 68. 目前无土栽培有哪些类型?

无土栽培主要可以分为以下几类：

(1)水培。植物根系直接与营养液接触，不用基质的栽培方法。根据营养液供给方式的不同，水培又分为营养液膜水培、深液流水培、浮板毛管水培。

(2)雾(气)培。将营养液压缩成气雾状而直接喷到作物的根系上。

(3)基质栽培。是无土栽培中推广面积最大的一种方式。它将作物的根系固定在有机或无机的基质中，通过滴灌或细流灌溉的方法，供给作物营养液。根据使用基质的不同又分为岩棉培、沙培、混合基质培。

### 69. 无土栽培的优点有哪些?

无土栽培由于其从栽培设施到环境控制都能根据作物生长发

育的需要进行监测和调控，具有一般传统的土壤栽培所无法比拟的优越性。①优质高产，单位面积产量可比土壤栽培提高2～4倍。②免除土壤污染及连作障害，产品清洁卫生、无公害，品质好。③省工、节水、省肥。④不受地区、土壤等条件的限制，可以在屋顶、阳台以及不能进行土壤栽培的地方如沙漠、油田、海涂和土壤严重污染的地区应用。⑤反季节栽培，经济效益高。

## 70.西瓜甜瓜无土栽培选择什么品种好？

品种选择标准：抗病、耐寒、结果率高、丰产、果实品质优良和商品性好的品种。

西瓜品种如黑美人、小兰、西域金丽、京欣1号、世纪星等品种。

甜瓜品种如状元、新世纪、西域红月亮、西域雪、98-18、绿宝石、玉露、翠蜜、银岭、伊丽莎白、蜜世界、元帅等品种。

## 71.西瓜甜瓜有机生态型无土栽培基质的施用有哪些特点？

①基质为具有一定大小的固形物质，基质颗粒大小会影响容量、孔隙度、空气和水的含量。②具有良好的物理性质，疏松，保水保肥又透气。③具有稳定的化学性状，本身不含有害成分，不使营养液发生变化。pH值5.5～7，营养液的电导度（EC）维持在2 500～3 000 mS/cm，缓冲能力强，盐基代换量。一般有机基质如树皮、锯末、草炭、稻壳炭等可代换的物质多；无机基质中蛭石可代换物质较多，而其他惰性基质则可代换物质就很少。④取材方便，来源广泛，价格低廉。

## 72.怎样进行有机肥料的配制、消毒及施用？

西瓜甜瓜有机生态型无土栽培，栽培前空间及地面用硫磺和1%福尔马林熏蒸消毒，定植前的空间及地面用杀菌剂和杀虫剂再次消毒。栽培槽和贮液池用1%高锰酸钾或4 000倍二氯异氰尿酸钠洗涤消毒，也可用0.05%漂白粉浸泡消毒。

在向栽培槽内填入基质前，应先在基质中混入一定量的肥料作为基肥，并调整基质pH值在适宜范围内，可保证作物在定植20天内不必追肥，只浇清水。管理过程中依作物的不同生育期，追施定量肥料，保证均衡供给。常用的混合基质的配比有如下几种：草炭、炉渣(4∶6)，砂、椰子壳(5∶5)，草炭、珍珠岩(7∶3)，葵花秆、炉渣、锯末(5∶2∶3)。不同作物其基质适用种类和配比不同。基质中添加的固态有机肥通常为通过高温消毒的膨化鸡粪，个别地区依当地资源也可使用其他经过消毒的有机肥，如新疆地区采用膨化羊粪加入基质。每667 $m^2$需准备栽培基质30 $m^3$，基质在混合时每立方米基质中加入12 kg有机肥，充分混匀填入栽培槽，厚度17～18 cm。

无土栽培的基质每次种植后应对基质进行消毒处理，以便重新利用。药剂消毒常用甲醛，1 L甲醛(40%浓度)可加水5 L，按每平方米20～40 L的用量施于基质中，后用塑料薄膜覆盖24 h，在种植前再使基质风干约2周。漂白粉1%的浓度在砾培中消毒效果也好，将栽培床浸润0.5 h，以后再用淡水冲洗，以消除氯。

## 73.西瓜甜瓜有机生态型无土栽培的设施系统有哪些？

(1)保护设施。加温温室、日光温室、塑料大棚等，可阻止外来恶劣气候条件的影响，为有机生态型无土栽培必备。

(2)栽培设施(图3-18)。

①栽培系统。

A.栽培槽。在整平的地面按要求砌砖，砖长24 cm，宽12 cm，高6 cm，砖与砖之间不必垒砌，以利于排水与通气，并可预防土传病害。槽长28 m，内径48 cm，外径72 cm。槽底部铺一层厚0.1 mm的聚乙烯薄膜，以防土传病虫害。薄膜压在第二、三层

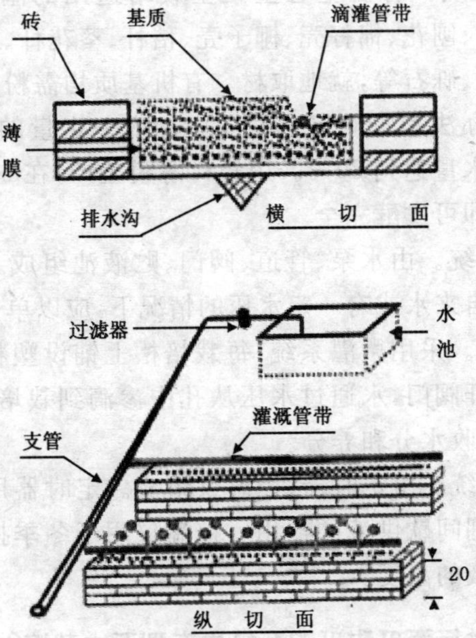


图 3-18 无土栽培系统设施构造图

砖之间，栽培槽间距 80 cm，每槽可种植单行或双行。槽底铺厚 5 cm 的粗基质。如在无标准规格的成品槽时，可在棚内挖掘出宽 50 cm、深 20 cm 的栽培槽，或用当地易得的材料建槽，如用木板、木条、竹竿，甚至砖块，实际上只要建没有底的槽边框，所以不需要特别牢固，只要能保持基质不散落到走道上就行。栽培槽中间挖宽 10 cm、深 20 cm 的排水沟。槽长应依保护地棚室建筑状况而定，一般为 5～30 m。槽框建好后，在槽的底部铺一层 0.08 mm 厚的聚乙烯塑料薄膜，以防土壤病虫传播。排水沟上铺一层砖，砖上铺一层废旧编织袋，基质铺于其上。这样可使多余的水分从基质中漏到沟中，保持干燥，同时可蓄水供植株吸收。

B. 栽培基质。有机生态型无土栽培适用的基质很多，如草炭、树皮、锯末、刨花、棉籽壳、椰子壳、秸秆、葵花秆、蛭石、炉渣、珍珠岩、陶粒、砂、砾石等，就地取材。有机基质均需粉碎并充分腐熟发酵后使用，办法是每立方米基质中加入一定量的尿素，并浇透水，使基质含水量达到 80%。用塑料薄膜盖严，在 6～7 月份高温下 20 天左右即可发酵完全。

②循环系统。由水泵、管道、阀门、贮液池组成。棚内安装自来水管，在有自来水或有一定水压的情况下，应以单个棚室建成独立的灌水系统。采用微灌系统，每栽培槽上铺设塑料薄壁滴灌水带，供水时打开阀门，水通过水压从孔中渗滴到栽培槽基质中，根系从基质中吸收水分和养分。

③控制系统。由定时器、控温仪组成。定时器用于控制水泵的开启，以达到间歇供液的作用。控温仪用于冬季控制营养液加温，调节营养液的温度。

## 74. 如何进行西瓜甜瓜的有机生态型无土栽培?

(1)栽培基质准备。基质按蛭石和草炭(1∶1)，每立方米基质 3 kg 专用肥，充分混合后装入 8 cm×10 cm 的营养钵中并浇透水，并以 0.1%多菌灵消毒。

(2)育苗。育苗最好用薄膜隔离土壤。种子处理后催芽，种子露白后，每穴播 1 粒，播种深度约 1 cm，种子平放，根芽朝下，播完盖土后用 800～1 000 倍百菌清或多菌灵或托布津液浇透一遍，然后保湿。

出苗前保持较高温度，出苗后降低温度，真叶出现后，白天温度为 25～30℃，夜间 15～20℃。调节育苗穴盘内的水分，见干见湿，防止水分过多，产生徒长而形成高脚弱苗。定植前 7～10 天低温炼苗。

(3)定植。定植时，用甲基托布津或多菌灵喷洒幼苗，做到带药下田。当瓜苗生理苗龄15～25天，2片真叶时，选择晴天下午定植。定植后，白天室温保持在25～30℃，以利于早缓苗。株距35～40 cm，行距60 cm，槽间距为80 cm，每667 $m^2$ 植2 200～2 500株。

(4)植株管理。

①肥水管理。缓苗期间，保持基质含水量60%～80%，适当控苗促健壮，视温度高低确定浇水量，每天浇水1次，每次1.5～2 L，室温维持在30℃左右。定植后10天左右，第1次追肥每株10 g，距根5 cm处施下，并及时浇水；再过10天，第2次追肥每株10 g。坐瓜前，白天室温调控在25～30℃，夜间15～20℃。坐果后水分要足，基质含水量80%～85%，空气湿度80%，促果实膨大及网纹形成。每天浇水1～2次，并进行第3次追肥，每株25 g。白天室温调控在28～32℃，夜间15～18℃。果实成熟期水分不宜过多，每2天1次，同时注意磷钾肥的施用，开花坐果后7天用0.3%磷酸二氢钾喷一次叶面。采收前15～20天要控制水分，注意降温，温差10～13℃或更大。室内相对湿度一般控制在70%以下，注意通风排湿。

②植株调整。西瓜甜瓜栽培均用吊蔓或立架栽培(图3-19)，单蔓整枝，弯曲绑蔓。西瓜甜瓜生长到8～10叶，株高40 cm左右开始吊蔓。用塑料绳打活结系于瓜秧基部，绳的上端系于温室架的专用铁丝上。每株主蔓在28～30片真叶时打顶，甜瓜在主蔓的12～15节间选留1雌花发育良好、生长健壮的子蔓留果，每条子蔓上只留1个果型好的瓜，瓜坐住后，保留1～2叶摘心。西瓜选留第2～3发育良好的雌花授粉留果。当幼瓜长到鸡蛋大时，每株从2～4个幼瓜中再选定1

图3-19 吊蔓或立架栽培

个果型好的瓜继续生长，多余的果和枝蔓要及时摘除。当瓜长到0.4～0.5 kg时，开始吊瓜，甜瓜可用聚乙烯宽塑料包装袋在果柄处将瓜吊起，沿水平方向牵引，使子蔓与果柄垂直，防止坠殃。并根据瓜蔓的生长情况及时调整吊瓜的高度，始终保持子蔓与果柄垂直。西瓜用尼龙网兜托挂然后用塑料绳打活结吊到温室架的专用铁丝上。主蔓结瓜节位以下的老叶、病叶，应及时摘除。此外，要加强对病虫害的防治。

③人工授粉。温室内传粉昆虫少，必须人工授粉，在预留节位的雌花开放时，于上午8:00～10:00用当天开放的雄花给雌花授粉。此时适当控苗以利授粉坐瓜，每株授2～4个瓜，待瓜坐稳后选留12～13节果形端正、花脐小、果柄长、椭圆形的1～2个幼果。其他侧枝打掉，待主蔓达到28节左右打顶，并随时摘除新长出的侧枝。

(5)采收。根据不同品种的熟性，当瓜皮表现固有色泽，果实脐部具有本品种特有香味（甜瓜），用指弹瓜面发出空浊音者（西瓜）即为熟瓜。采摘时用小刀或剪刀剪除。

## （六）无籽西瓜高产栽培技术

### 75.无籽西瓜如何进行种子处理？

三倍体无籽西瓜的种子较大，种胚发育不完全，同时还有相当比例的畸形胚，如大小胚和折叠胚。种皮较厚，特别是喙部，因此发芽比较困难，故要进行破壳处理，帮助它发芽，以提高种子发芽率。未经破壳处理的种子发芽率仅20%～30%，而破壳处理的种子发芽率可以提高到80%以上。种子消毒后经30～60 min浸泡，捞出后用干布擦净种子表面水液及黏质物，然后用牙齿或指甲刀侧向轻轻嗑一下种脐。嗑时将种面垂直，立着嗑种子喙，使其略开一个小口，占种脐长度的1/3左右即可，嗑种时要轻，不要伤及种仁。

## 76.无籽西瓜幼苗有何特点？如何进行无籽西瓜苗期管理？

三倍体无籽西瓜种胚子叶折叠，出苗后子叶较小，大小不对称，生长对温度的要求较高，因而幼苗生长缓慢。育苗期间，为促进幼苗健壮生长，可淋施稀人粪尿或0.1%尿素加0.2%磷酸二氢钾溶液喷洒叶面。注意通风透气，子叶张开后要防止高湿条件引起的高脚苗出现。同时注意防治猝倒病等苗期病害。长出2片真叶时即可移栽定植。

## 77.怎样选择西瓜授粉品种？

三倍体西瓜自身花粉不孕，需要种植普通西瓜为它授粉，提高结果率，授粉品种应选择生育期比无籽西瓜稍早，皮色和果形都有显著差异的品种。种植授粉品种和无籽西瓜的比例可按1∶(15～20)，种在地的一头，在坐果期采雄花，给无籽西瓜进行人工辅助授粉。也可1∶(5～10)混合播种，在坐果期放蜂辅助授粉。或者3行或4行无籽西瓜，间种1行二倍体西瓜作为授粉株，采取人工辅助授粉法来提高坐果率。

## 78.如何进行无籽西瓜田间管理？

无籽西瓜苗期生长缓慢，一般不浇水追肥，伸蔓后生长加快，到开花坐果期生长势更加旺盛，这时如果肥水供应不当，很容易造成徒长跑秧，难以坐果。因此从幼苗倒蔓到雌花开花前适宜控制肥水，浇水以小水暗浇为宜，授粉前3天用硼砂10 g(或硼酸5 g)、磷酸二氢钾50 g、多效好半包对水15 kg叶面喷施，有利于坐瓜；此外，还可使用三十烷醇、美国植丰素等生长调节剂，促进瓜蔓生长稳健，提高产量、品质。授粉后幼瓜长到拳头大小时，开始追施膨果肥，可用腐熟粪水(或用沤制过的花生麸水)50 kg 加尿素、含硫复合肥 0.2～0.4 kg 淋施，每隔 5 天 1 次，连施 4～5 次。

## 79. 怎样做好无籽西瓜人工辅助授粉工作？无籽西瓜的坐果节位为什么较高？

无籽西瓜生产中一般多选主蔓上第三雌花(第二十节左右)留瓜。第三朵雌花人工授粉产量最高，果实较大，形状美观，果皮较薄，秕籽少，不易空心。要早熟，也可在第二朵雌花开放时授粉。于每天早上 6:00～9:00，将有籽西瓜雄花摘下放入密闭盒或塑料袋等器具内，授粉时取下雄花花瓣，按 1∶(3～5)比例将花粉授到无籽西瓜的雌花柱头上。授粉后约 5 天，瓜已长至拳头大小，此时应及时摘除瓜蔓顶芽，并去掉多余枝芽，保证养分集中供应小瓜发育膨大。每株西瓜留一只瓜，最多可留两只瓜。坐果节位低时，果实小，果型不正，果皮厚，而且秕籽多，并有着色的硬种壳，易空心。

无籽西瓜的坐果节位较高是因为空秧不坐果，栽培密度过大，郁闭疯长或植株生长过弱；低温阴雨，光照不足；受粉受精不良；肥水不当，氮肥施用过多；风害和日灼等。

## 80. 无籽西瓜采收时应注意什么问题？

无籽西瓜从雌花开花到成熟一般需 35 天，较一般西瓜晚成熟 5～7 天。若成熟期遇低温及缺少肥水会造成果肉坚硬；多数品种以充分成熟采收为宜，否则皮很厚，且带有酸味；有时会出现少量着色秕籽，色淡品质差，这与品种、成熟期遇低温、坐果节位以及磷肥施用过多等有关。无籽西瓜特耐储藏，一般无伤果实在常温下可储藏 1 个月，可有效地调节西瓜市场。

# 四、西瓜甜瓜病虫害综合防治技术

## 81. 西瓜甜瓜生产中的主要生理障碍有哪些？如何防治？

（1）沤根。发生原因：早春育苗期气温低，地温低于 12℃，土壤湿度偏大，再遇上连续阴雨天气，或长期处于 5～6℃的低温高湿环境，幼苗长时间萎蔫。预防措施：①选择温床育苗，采用大棚套小棚加电热线（80～100 W/$m^2$）进行营养钵穴盘轻基质育苗，营养钵土提早培肥、翻晒、熟化土壤；选地势高爽、避风向阳处做苗床；播前浇足底水，确保全苗。②加强苗床管理，苗期土温控制在 15～25℃，分段温度调控；控制浇水，阴雨天不浇水，注意通风散湿；连续阴雨天气，用白炽灯补充光照，减轻黄化叶发生。③对沤根较轻的瓜苗，可通过苗床松土，撒施干细土与草木灰等方法增温、降湿，促其恢复生长。④在瓜苗发出新根后，喷洒 0.3%磷酸二氢钾溶液以及惠满丰 800 倍液，促进根系生长。

（2）僵苗。发生原因：①土壤温度低，土壤黏重，含水量高，发根困难，定植后遇上连续阴雨更易发生僵苗。②施用未腐熟的有机肥或化肥过多，肥料浓度过高而伤根。③用除草剂进行土壤封闭处理时，用药不当或药量偏大。预防措施：①选择疏松、通透性好的菜园土作营养钵土，营养土要尽早培肥。②选择生命力强、饱满的新种子，采用电热线温床育苗。③定植前施足基肥，每

667 $m^2$ 用 72%都尔乳油 80～100 mL 或 96%金都尔乳油 40～50 mL 对水 40～50 kg 喷洒土壤，5～7 天后定植，不宜用乙草胺。④定植后发生僵苗，喷洒爱多收 6 000 倍液或惠满丰 800 倍液并注意闭棚增温促长。

(3)疯秧。病因：①氮素营养过高，造成坐果困难，空棵率增加，果型小，产量低，成熟迟。②苗床或大棚的温度过高，光照不足，土壤和空气湿度过大。防治措施：①控制基肥的施用量，前期少施氮肥，磷、钾肥配合施用。②适时通风，增加光照，避免温度过高、湿度过大。③整枝、打顶、人工辅助授粉促进坐果等措施抑制营养生长，促进生殖生长。

(4)粗蔓。发生原因：氮肥和水分过多，整枝打杈不及时，营养生长过旺，茎蔓上坐果少。预防措施：平衡施肥，增施磷、钾肥与有机肥；苗期控制浇水，适时通风；开花前后出现粗蔓时，用手指捏一下生长点，抑制瓜蔓生长；开花后采取人工授粉，促进坐果。

(5)化瓜。原因：光照不足，气温偏低，湿度偏大，没有炼好苗，花粉发育不良和不授粉，人工授粉不及时，先开雌花，少开雄花造成授粉不良。预防措施：加强通风、炼苗、培育壮苗。人工授粉期间可借助其他早熟品种或较耐低温品种的花粉。前期和后期要防低温，中期控制高温；相对湿度，白天 60%左右，夜间 80%左右，棚膜要保持清洁。雌花开放的当天人工授粉后或前 1～2 天内，用 5 g 坐瓜灵加水 0.5 g 均匀地喷洒瓜胎，或用 5 g 坐瓜灵加水 50 g 用毛笔涂抹瓜柄均可。

(6)塌秧。西瓜进入结瓜期，有时在晴天中午，突然出现枯萎症状，到晚上又逐渐恢复，反复数日后，逐渐枯死。从外观上看不出异常，切开病茎，导管也无病变。也有时在炎热的中午突然暴雨转晴，短时间内整株叶片突然萎蔫。原因是瓜田低洼，雨后积水时间长，或者中午突降大雨后转晴，使叶片蒸腾作用受阻引起整株叶片突然萎蔫，造成生理失调引发生理病害。防治方法：①选择高燥或排水良好、土壤肥沃的地块，雨后及时排水，及时中耕保持土壤通透性良好。在晴天湿度低、风大、蒸发量大时要增加浇水量。②采用涝浇园法，即雨后晴天时，要马上浇水，浇水时应打开排水口，使水经瓜田流过迅速再排出去，浇水后及时中耕，保持土温正常。

(7)急性凋萎。初期中午地上部萎蔫，傍晚时尚能恢复，经3～4天反复以后枯死，根颈部略膨大。与枯萎病的区别在于根颈维管束不发生褐变。这是西瓜嫁接栽培中经常发生的一种生理性凋萎，发生时期大多在坐果前后。病因：①与砧木种类有关，葫芦砧木发生较多，南瓜砧木很少发生。②砧木根系吸收的水分不能及时补充叶面的蒸腾失水，同时整枝过度，抑制了根系的生长，加剧了吸水与蒸腾的矛盾，导致凋萎。③光照弱。防治措施：目前主要是选择适宜的砧木，加强栽培管理，增强根系的吸收能力。

(8)畸形果。主要有扁形果、尖嘴果、葫芦形果、偏头畸形果等。扁形果是果实扁圆，果皮增厚，一般圆形品种发生较多。尖嘴果多发生在长果形的品种上，果实尖端渐尖。病因：扁形果是低节位雌花所结的果，果实膨大期气温较低；尖嘴果是由于果实发育期的营养和水分供应不足、坐果节位较远时发生；偏头畸形果是由于授粉不均匀所致；受低温影响形成的畸形花所结的果实亦会形成畸形。防治措施：加强肥水管理，控制坐果部位，选留子房端正的幼果，摘除畸形幼果。

(9)肉质恶变果。病因：①土壤水分骤变降低根系的活性。②叶片生长受阻，加上高温，使果实内产生乙烯，引起异常呼吸，导致果肉劣变。③植株感染黄瓜花叶病毒也会发生果肉恶变。防治措施：①深沟高畦加强排水，保持适宜的土壤水分。②深翻瓜地，多施农家肥料，保持通气良好。③适当整枝，避免整枝过度抑制根系的生长。④当叶面积不足或果实裸露时，应盖草遮阳。⑤防止病毒传播。

## (一)常见病害

### 82.怎样识别和防治西瓜枯萎病?

西瓜枯萎病可通过种子、肥料、土壤、浇水传播,初期从老叶向前端逐渐萎蔫似缺水状,中午尤为明显,早晚可恢复,3～6 天后,整株叶片枯萎下垂,不能复原,最后全株枯死(图 4-1)。植株茎蔓基部缢缩,有的病部出现褐色病斑或琥珀色胶状物。病根变褐腐烂,茎基部纵裂,病茎纵切面上维管束变褐,湿度大时病部表面生出粉红色霉状物。防治措施:精选抗病品种,嫁接防病,实施轮作,水旱轮作为好;发病重地块可土壤处理,结合播前整地,每亩施入熟石灰 80～100 kg,可减轻枯萎病的发生。加强管理,科学施肥,防早衰,药剂防治可在定植时按药、土比例 1∶100,选用 70%甲基托布津,40%多菌灵可湿性粉剂配成药土撒入定植沟内,每亩用药土 100 kg 左右或在发病前药剂灌根,用 2%农抗 120 水剂 200 倍液灌根,7～8 天后再用 5%菌毒清水剂 250 倍液灌根,每次每株灌药液 500 mL,能收到较好的防治效果。

图 4-1　西瓜枯萎病

## 83.如何防治西瓜疫病?

幼苗子叶染病,先出现水浸状圆形暗绿色病斑,中央逐渐变成红褐色,茎基受害后,病处软腐,近地处缢缩或倒伏,上部枯死。真叶染病,初生暗绿色水浸状圆形或不规则病斑,迅速扩大,湿度大时腐烂,干后呈淡褐色,易破碎。成株染病,多在茎节部出现暗绿色纺锤形水浸状斑点,病部明显缢缩,潮湿时出现暗褐色腐烂,干燥时为青白色,被害处以上茎蔓及叶片很快萎垂。果实染病,形成暗绿色圆形水浸状凹陷斑,后迅速扩及全果,皱缩腐烂,有青贮饲料气味,病部表面密生白色菌丝(图 4-2)。

图 4-2 西瓜疫病

防治方法:轮作倒茬,增施腐熟有机肥,氮、磷、钾配合施用。选用抗病品种,进行种子消毒,可用 100 倍 40%福尔马林浸种 30 min,或 55℃温水浸种 15 min,洗净晾干后备播。控制浇水,注意防涝。喷无毒高脂膜 200～400 倍液。发病初期开始喷 50%甲霜铜可湿性粉剂 700～800 倍液、70%乙膦铝・锰锌 500 倍液、72.2%普力克水剂 800 倍液、58%甲霜灵锰锌可湿性粉剂500倍液、64%杀毒矾可湿性粉剂500倍液，每7～10天1次，连喷2～3次。也可用上述药剂灌根，每株用药液0.4～0.5 L。

## 84. 怎样区别甜瓜霜霉病、叶枯病和细菌性叶斑病？如何防治？

正确识别甜瓜霜霉病、叶枯病和细菌性叶斑病及确定科学的防治方法可依据表4-1进行。

表4-1 甜瓜霜霉病、叶枯病和细菌性叶斑病防治表

| 比较项目 | 甜瓜霜霉病 | 叶枯病 | 甜瓜细菌性叶斑病 |
|---|---|---|---|
| 症状 | 叶片自上而下发病，早期叶脉间出现淡黄色斑块，继续发展受叶脉限制形成多角形黄色斑块，后期病部(叶背面)密生灰白色霉层，呈霜霉状。病斑多时叶片向上卷曲，很快干枯，易破碎，瓜蔓自下而上干枯、死亡。严重时迅速蔓延，全叶黄褐干枯，病田一片枯黄 | 基部叶片先发病，产生黄褐色小斑点，逐渐扩大，边缘隆起呈水浸状，病健部界限明显，高温高湿下叶面病斑较大，轮纹明显，几个大病斑汇合成大斑，致使叶片干枯。在高温和风害影响下，大量病叶片很快枯焦，使果实暴露阳光下 | 叶片初生黄色、半透明圆的点状斑或不规则大斑，后沿叶脉扩大，受叶脉限制呈多角形，黄褐色。湿度大时，叶背面病斑上产生乳白色菌脓，干后为一层白色膜。后期病斑焦枯，中间干枯脆裂，易穿孔 |
| 发病条件 | 15～24℃，湿度大叶片结露，多雨，大雾阴湿重露天气 | 坐瓜后灌水多，连雨阴天，高温高湿 | 持续阴雨天气，病菌借雨滴飞溅传播，大雾阴湿重露天气 |

续表 4-1

| 比较项目 | 甜瓜霜霉病 | 叶枯病 | 甜瓜细菌性叶斑病 |
| --- | --- | --- | --- |
| 防治措施 | 选用抗病品种，轮作倒茬，科学灌水，合理密植，及时整枝打杈，高温闷棚。增施有机肥，氮、磷、钾配合施用。开花后每亩用“高美施 UA-102 营养素”等有机活性液肥 500 倍液 50～70 kg 喷施于叶面及根部土壤，7～10 天 1 次，连喷 2 次；也可用 3 kg 生石灰对水 50 kg，浸泡 24～48 h，滤出清液喷施。发病初期，每亩用小尖椒、生姜或大蒜各 0.2 kg 捣碎，包于纱布中，置入 50 kg 水中滤出汁液，混匀后喷施，3 天后再喷 1 次，之后每 7 天喷 1 次，再连喷 2～3 次。化学防治在结果前期施药预防，可用 37％枯萎立克可溶性粉剂 800 倍液、70％代森锌可湿性粉剂 600 倍液、50％扑海因 1 500 倍液、50％甲霜铜可湿性粉剂 700 倍液、72％杀毒矾可湿性粉剂 500 倍液、72.2％普力克水剂 800 倍液、90％疫霉灵 400 倍液等 50～70 kg 喷施 | 温汤浸种，40％福尔马林 100 倍液或 0.1％ 升汞浸种 5～10 min，50％多菌灵 500 倍液浸种 1～2 h，或 40％拌种双，50％苯来特，50％多菌灵等药剂拌种。轮作倒茬，科学灌水，合理密植，及时整枝打杈，重施基肥，氮磷钾配合施用，增强植株抗性。药剂防治用 50％ 扑海因 1 000 倍液，70％代森锌，50％退菌特、70％ DTM 可湿性粉剂 500 倍液，或 1∶0.5～1∶(200～300)倍波尔多液 | 种子或用 70℃恒温干热灭菌 72 h；还可用次氯酸钙 300 倍液，浸种 30～60 min，或 40％福尔马林 150 倍液浸 30 min 或 100 万 U 硫酸链霉素 500 倍液浸种 60 min，冲洗干净后催芽播种。无病土育苗，水旱轮作。药剂防治：发病初期用药，农用链霉素 200 mg/L；新植霉素 200 mg/L；30％ DT 杀菌剂 500 倍；可杀得，铜制剂等 |

甜瓜叶枯病、霜霉病、细菌性叶斑病见图 4-3。

甜瓜叶枯病

甜瓜细菌性叶斑病

甜瓜霜霉病（叶背面）

甜瓜霜霉病（叶正面）

图 4-3 甜瓜叶枯病、霜霉病、细菌性叶斑病

## 85. 怎样识别和防治甜瓜白粉病?

一般是下部老叶先发病，而后逐渐向上蔓延扩展。初期受害叶片病部发生白色粉点状霉点，扩大后呈圆形白色粉状霉斑，逐步蔓延扩大，甚至整片叶上部是白粉，叶片呈黄褐色，焦枯变脆，但不脱落。发病后期，病部白粉层中出现散生的黄褐色小粒点(图 4-4)。

图 4-4 甜瓜白粉病

防治措施：选用抗病优良品种，培育无病的壮苗。抓好田间管理工作，合理密植，高畦深沟种植，畦上覆盖地膜；重点加强瓜后期的田间管理，合理整

枝，适时摘除病重叶和部分老叶。干干湿湿的灌水方式，雨后注意排水，防止瓜田积水；连续降雨过后应抢晴施药。施肥以有机肥为主，氮、磷、钾配施，后期追肥应以复合肥为主，尽量少施或不施尿素。药剂防治重点是做好发病初期的施药工作，可选用 20%粉锈宁乳油 1 000 倍液或 40%灭病威悬浮剂 300～400 倍液或 40%敌菌铜 800 倍液等杀菌剂喷雾防治。各种杀菌剂交替使用。喷施时应做到水量充足，全田均施，尤其叶片背面要喷施，防止漏喷。

## 86. 怎样识别和防治甜瓜蔓枯病？

甜瓜蔓枯病主要为害甜瓜的根茎基部、主蔓、侧蔓、主侧蔓分枝处及叶柄，也为害叶片和果实（图 4-5）。在蔓上病斑初呈油浸状，灰绿色，略凹陷，椭圆形、梭形或条斑形蔓延，在患病部位会分泌出黄褐色、橘红色至黑红色胶状物，后期病部干枯龟裂，呈灰白色，表面散生黑色小粒点。病斑绕蔓扩展 1 周后患病部位逐渐缢缩凹陷，导致患病部位上部叶片萎蔫，最后全株枯死。叶片染病在叶缘形成“V”字形褐色病斑，外缘淡黄色，有不明显的同心轮纹。果实受害初期呈水浸状病斑，中央褐色，干枯后呈星状破裂，引起甜瓜腐烂。

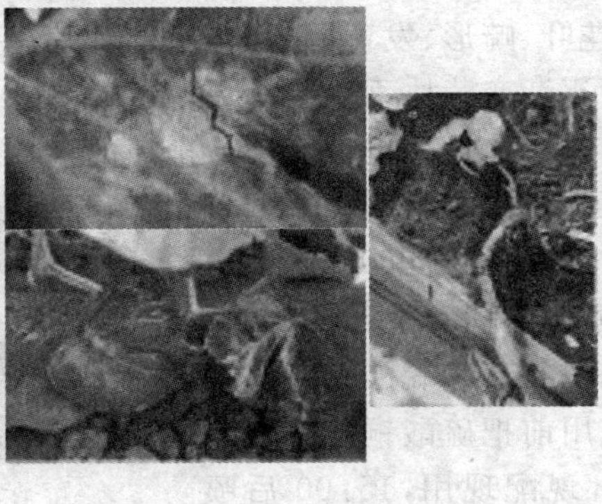

图 4-5　甜瓜蔓枯病

甜瓜蔓枯病病情发展较缓慢，剖视病茎，病菌主要侵害表皮层，维管束不变色，病部生黑色小粒点。

防治：轮作倒茬，前茬收获后彻底清洁田园，清理病株残体，集中烧毁或深埋。种子消毒，用50%多菌灵可湿性粉剂1 000倍液或70%甲基托布津500倍液浸种30 min。加强通风，减少棚室内空气湿度，采用小高垄地膜覆盖栽培，浇水时在膜下暗灌，禁止大水漫灌，浇水后大通风。科学施肥，有机肥经腐熟后施入，生长前期氮、磷、钾肥要配合施用，忌偏施氮肥，生长后期增施磷钾肥。合理整枝，整枝、打蔓须在晴天进行，在打侧蔓时基部应留有少半截，避免病菌由伤口直接向主蔓侵染。药剂防治，防治蔓枯病较有效的药剂是70%甲基托布津可湿性粉剂，使用浓度为800～1 000倍液，其次是64%杀毒矾可湿性粉剂500倍液和70%代森锰锌可湿性粉剂500倍液，用药时需喷洒、灌根、涂茎相结合。茎蔓部得病后最为有效的方法是灌根、涂茎，涂茎可用甲基托布津加水和成面糊状（约20倍）涂抹于病蔓患处。另外，在打侧蔓之后立即将药剂涂抹于伤口的断截面上，可有效防止病害发生。

## 87. 怎样识别和防治西瓜甜瓜病毒病？

西瓜甜瓜在结果的中后期易发病，发病的叶片向上卷缩，严重时叶片为斑驳花叶、畸形、发黄，先是苗头的叶片患病再向根部的叶片蔓延，叶片逐渐变黄枯死（图4-6、图4-7）。

防治措施：选择地势平坦、通风、易排灌的沙质地种植。适当增施氮肥或叶面肥，提高抗病力。药剂防治可用波尔多液喷施，60 kg水＋0.25 kg硫酸铜＋0.4 kg生石灰（60∶0.25∶0.4），先把石灰和硫酸铜各对一半的水溶解，施用前把硫酸铜溶液慢慢倒入石灰溶液，现配现用，15:00后喷施。注意幼果期不能喷。或采用病毒

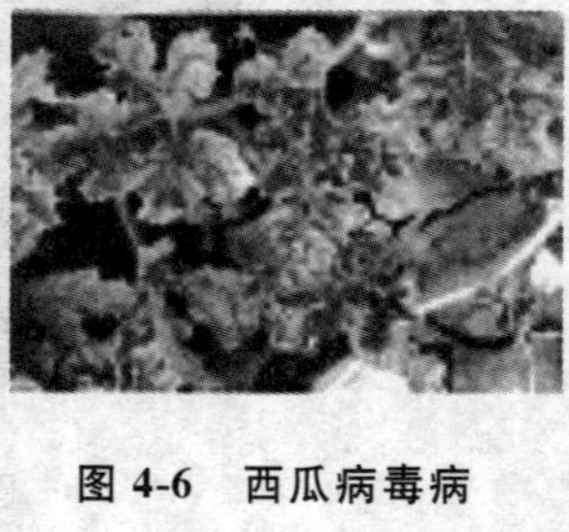

图4-6 西瓜病毒病

图 4-7 甜瓜病毒病

酰胺稀释 1 000 倍与链霉素(含量 72%)每 5 g 对水 20 kg 混合喷施。或用病毒必克 15 g 对水 500～600 倍,搅拌后对叶面喷施。每隔 2 天喷 1 次,连喷 2～3 次,同时加些叶面肥进行喷施更好。同时做好防虫工作,用大功臣等药剂防治蚜虫等。

## 88.如何防治西瓜甜瓜果实腐斑病?

西瓜甜瓜果实腐斑病是一种毁灭性的细菌性病害,也称西瓜细菌性斑点病、西瓜细菌性果腐病。发病初期果实表面出现许多水渍状暗绿色小斑点,逐渐扩大为边缘不规则的深绿色水渍状大斑,严重时果实龟裂、腐烂。叶片上的病斑呈水渍状斑点,并带有黄色晕圈。浅皮瓜比深色皮瓜易感病。

防治:①选用抗病品种,如甜瓜选用西域系列和甘密宝等。②选无病瓜留种,并进行种子消毒,瓜种用 70℃恒温干热灭菌 72 h 或 50℃温水浸种 20 min,捞出晾干后催芽播种;也可用 3%盐酸处理种子 15 min,水洗后再用 47%春・王铜可湿性粉剂 600 倍液浸种 8 h,或用福尔马林 100 倍液浸种 30 min,或用次氯酸钠 300 倍液浸种 30～60 min,或用 100 万 U 硫酸链霉素 500 倍液浸种 2 h,冲洗干净后催芽播种。③无病土育苗。④与非瓜类作物实行 2 年以上轮作,合理整枝,并注意清除病残体,及时排除田间积水。⑤发病初期喷洒 47%春・王铜(加瑞农)可湿性粉剂 700

倍液或77%可杀得可湿性粉剂800倍液、78%波·锰锌(科博)可湿性粉剂600倍液、10%噁醚唑(世高)水分分散粒剂1 500倍液、72%农用硫酸链霉素可溶性粉剂3 000倍液、50%氯溴异氰尿酸水溶性粉剂1 000倍液,或用14%络氨铜水剂300倍液,或50%甲霜铜可湿性粉剂600倍液,或50%琥胶肥酸铜(DT)可湿性粉剂500倍液,或72%农用链霉素400倍液,或1∶(0.5～0.8)∶(200～240)倍波尔多液等药剂,连续防治3～4次。

## (二)常见虫害

### 89.怎样防治蚜虫?

蚜虫俗称腻虫、密虫、油虫,一年可以繁殖10～30代。其隐藏在叶片背面、嫩茎及生长点周围,吸食作物汁液,使叶片卷缩,叶绿素消退,使瓜品质、产量下降;蚜虫是西瓜甜瓜病毒病的传播介体(图4-8)。

图4-8 蚜虫

防治方法:①在作物上覆盖银灰色膜驱避蚜虫;制作黄色诱蚜

盘、诱蚜板，把蚜虫，特别是第一批有翅蚜虫诱集到一起捕杀。②用草蛉、瓢虫等天敌捕杀蚜虫。③作物合理密植，通风透气，控制水肥。④蚜虫点片发生时，用 30％乙酰甲胺磷加水 5 倍涂瓜蔓，挑治“中心蚜株”，能有效地控制瓜蚜的扩散。普遍发生时，用 10％吡虫啉（一遍净）可湿性粉剂 2 000 倍液，或 20％康福多浓可溶剂 4 000 倍液，20％好年冬乳油 1 500 倍液，3％莫比朗乳油 1 500 倍液，2.5％绿色功夫乳油 3 000 倍液，灭杀毙（21％增效氰・马乳油）6 000 倍液，或 40％氰戊菊酯 6 000 倍液，20％灭扫利乳油 2 000 倍液，2.5％天王星乳油 3 000 倍液喷雾。结合虫情轮换用药，以免产生抗性。保护地药剂防治可用杀蚜烟剂，每 667 $m^2$ 用 400～500 g，点燃冒烟，密闭 3 h。

## 90. 如何防治白粉虱？

白粉虱主要为害温室和大棚甜瓜、西瓜，被害叶片褪绿、变黄、萎蔫，甚至全株枯死。分泌大量蜜液，严重污染叶片和果实，往往引起煤污病的大发生（图 4-9）。

图 4-9 白粉虱

防治方法：农业防治，提倡温室第一茬种植白粉虱不喜食的芹菜、蒜黄等较耐低温的作物；彻底清除前茬作物的残株、杂草，室外处理，随后对温室进行熏蒸灭虫，通风口封纱阻虫；生产期间打下的枝杈、枯黄老叶，应带出室外处理。药剂防治，可用 10％扑虱灵乳油（又名灭幼酮、优乐得）1 000 倍液，对粉虱有特效；或用 25％灭螨猛乳油（又名甲基克杀螨）1 000 倍液，对粉虱成虫、卵和若虫皆有效；20％康福多浓可溶剂 4 000 倍液，或 10％大功臣（一遍净）每 667 $m^2$ 用有效成分 2 g，天王星（即联苯菊酯）2.5％乳油 3 000 倍液，功夫（即氯氟氰菊酯）2.5％乳油 5 000 倍液，灭扫利（即甲氰菊酯）20％乳油 2 000 倍液，连续施用 2～3 次。

## 91.怎样防治金针虫?

金针虫在西瓜甜瓜根或地下茎上蛀洞或截断,在叶柄基部蛀洞甚至蛀入嫩心。在贴地果上蛀洞,蛀洞外口圆或不规则,洞小而深,有时可洞穿整个果实,洞口常黏附泥粒(图 4-10)。

图 4-10　金针虫

防治方法:农业防治,水田轮作;在金针虫活动盛期常灌水,可抑制为害。定植前做土壤处理,每公顷可用 10%地虫磷、地亚农或 2%甲基异硫磷粉 30～45 kg,拌细土 600～900 kg 施于种植沟内。也可将农药与农家肥拌匀施下。毒土和毒水防治,可在瓜棵间挖小穴,将颗粒剂或毒土点穴中立即覆盖,土干时可改为毒水。将上述剂量农药溶于 3 750～7 500 kg 水中,开沟或挖穴点浇。

## 92.如何防治红蜘蛛?

在西瓜、甜瓜等叶片背面刺吸汁液,发生多时叶片苍白,生长委顿(图 4-11)。

图 4-11　红蜘蛛

防治方法:消灭越冬虫源,清除越冬寄主杂草,对环境虫源进行药剂防治,以压低越冬基数。药剂防治,初期发现中心虫株要重点剿灭,注意更换农药品种,防止产生抗性。可用 1.8%爱福丁(又名齐螨素、害极灭、阿维菌素)乳油 2 000 倍液,或 10%浏阳霉素 2 000 倍液,或 25%倍乐霸可湿性粉,或 20%双甲脒螨克,或 5%卡死克乳油,或 5%尼索朗乳油,或 50%托尔克可湿性粉剂,或 50%螨代治乳油 1 000～2 000 倍液,或 73%克螨特乳油 2 000～2 500 倍液,或 10%天王星 2 000～5 000 倍液,或胶体硫 200 倍液,或 0.2～0.3°Be 石硫合剂等喷雾防治,但一定要严格控制在采收前半个月使用。

## 93.如何防治瓜蓟马?

成虫、若虫锉吸瓜类植株的心叶、嫩芽、幼果的汁液，使被害植株嫩芽、嫩叶卷缩，心叶不能张开。瓜类植株生长点被害后，常失去光泽，皱缩变黑，不能再抽蔓，甚至死苗（图 4-12）。幼瓜受害出现畸形，表面常留有黑褐色疙瘩，瓜形萎缩，严重时造成落果。成瓜受害后，瓜皮粗糙有斑痕，极少茸毛，或带有褐色波纹，或整个瓜皮布满“锈皮”，呈畸形。

图 4-12　瓜蓟马

防治方法：农业防治，清除杂草，加强水肥管理，使植物生长旺盛，可减轻为害。药剂防治常用药剂有 5%锐劲特悬浮剂 2 500 倍液，20%康福多浓可溶剂 4 000 倍液，20%高卫士可湿性粉剂 1 500 倍液，40%乙酰甲胺磷乳油 1 000 倍液，50%辛硫磷乳油 1 000 倍液，50%巴丹可湿性粉剂 1 000 倍液，20%叶蝉散乳油 500 倍液等。

## 94.如何防治斑潜蝇?

美洲斑潜蝇成、幼虫均可为害，雌成虫飞翔把植物叶片刺伤，进行取食和产卵，幼虫潜入叶片和叶柄为害，产生不规则蛇形白色虫道，俗称“鬼画符”（图 4-13）。

防治方法：农业防治，布局时把斑潜蝇嗜好的瓜类、茄果类、豆类与其不为害的作物进行套种或轮作；适当疏植，增加田间通透性；收获后及时清洁田园，把被美洲斑潜蝇为害作物的残体集中深埋、沤肥或烧毁。灭蝇纸诱杀成虫，在成虫始盛期至盛末期，每 667 $m^2$ 设置 15 个诱杀点，每个点放置 1 张诱蝇纸诱杀成虫，3～4 天更换 1 次。药剂防治掌握在幼虫 2 龄前（即虫很小时），喷洒

图 4-13 斑潜蝇

98%巴丹原粉 1 500 倍液，或 1.8%爱福丁乳油 3 000 倍液，48%乐斯本乳油 800～1 000 倍液，25%杀虫双水剂 500 倍液，98%杀虫单可溶性粉剂 800 倍液；提倡施 10%绿菜宝乳油 1 000 倍液，1.5%阿巴丁乳油 3 000 倍液，20%康福多浓可溶剂 4 000 倍液。

### 95. 什么是根结线虫病？有哪些危害特点？

根结线虫的幼虫呈细长蠕虫状，雌成虫为洋梨形，雄成虫线状，无色透明，埋藏于寄主组织中，靠土壤、病苗和灌水进行传播。主要发生在根部，常以侧根发病较多，受害根部形成大小不同的瘤状物，称为根结。根结大小不一，表面光滑，初为白色，后变成淡褐色。根结可相互连合成念珠状，使一条根甚至大部分根全变成根结（图 4-14）。植株地上部感病轻者表现不明显，重者生长缓慢，植株矮小发黄，生长不良，结瓜少而小，甚至不结瓜，植株黄化，萎蔫死亡。瓜类整个生育期可多次重复被侵染，还可以传播病毒病。将植株从土中拔出，剖开根结，病部组织里有很小的乳白色线虫埋于其中。

防治方法：农业防治，轮作换茬。选用无病土育苗或种瓜，与

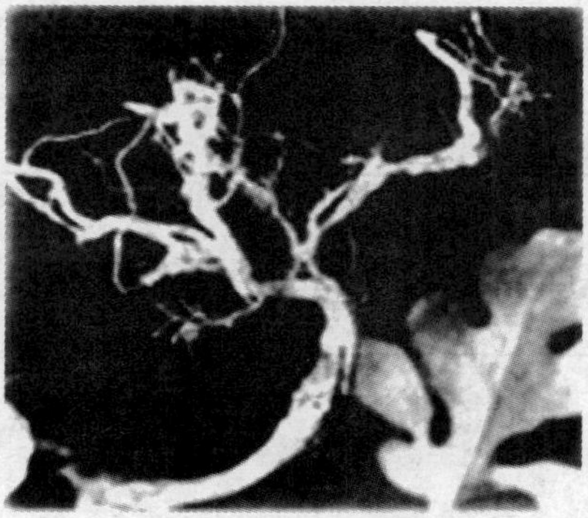

图 4-14 根结线虫病

禾本科作物或葱、韭菜、辣椒等进行 3 年以上的轮作或水旱轮作，不要与茄子、芹菜、胡萝卜等蔬菜轮作，避免交叉重复传播。用鸡粪或棉子饼作基肥，对线虫有一定的抑制作用；园田清洁，收获后要及时清除田间病株残体，就地烧毁或深埋；土壤消毒，西瓜甜瓜收获后，将瓜田大水漫灌浸淹 1 个月，杀灭线虫。在炎热季节，采瓜后，土壤翻耕浇灌并覆盖地膜，太阳下暴晒 5～7 天，杀虫效果良好。药剂防治，在播种和定植前，每 667 $m^2$ 穴施 10%力库满颗粒剂 5 kg，5%力库满颗粒剂 10 kg，98%棉隆（必速灭）颗粒剂 6 kg，10%克线丹 2.25～4.5 kg 或 35%米乐尔颗粒剂 4.5 kg，拌在 750 kg 干细土中，撒入田中，深耙 20 cm，用塑料薄膜覆盖 6 天，再避风 5 天。在生长期可以用 80%敌敌畏乳油 1 000 倍溶液或 90%敌百虫 800 倍溶液灌根，每株灌药 0.1 kg。因杀线虫剂多为高毒农药，施药要严格按照产品说明书进行，一定要注意安全。

# 五、西瓜甜瓜包装、储藏与运输

## 96.西瓜的储藏有什么条件要求?

西瓜在 9.5℃以下储藏，就有冷害症状；而在高温下储藏，则糖分含量降低，容易腐烂。在不产生异味的前提下，储藏温度愈低，肉质风味愈好，储藏时间愈长，容易出现冷害。西瓜出现冷害的临界温度，上海地区为 10℃，北京地区为 12.5℃，黑龙江地区为 11℃。因此，储藏期短时，可用较低温度储藏；在储藏期达 20 天以上时，储藏温度应在临界温度以上，以避免冷害发生。采用贮前高温(26℃，4 天)预贮，也可避免冷害。在贮期 1 个月左右时，14～16℃是安全温度，但须采取防腐措施。

耐贮品种有中育 10 号、丰收 2 号、新澄、蜜桂、浙蜜等；耐贮性较差的品种有早花、石红 1 号、湘蜜、苏蜜、中育 1 号、琼露等；新红宝对冷害敏感，对储藏条件要求较高。

## 97.甜瓜的储藏有哪些特性?

甜瓜根据其生育期的长短和成熟时间大致可分为早、中、晚熟 3 种类型，早熟品种主要是鲜销，而晚熟品种可用作鲜销或储藏。

(1)储藏温度。厚皮甜瓜早中熟甜瓜贮温 6～7℃，湿度 85%～90%，晚熟甜瓜 2～3℃，湿度 85%～90%。储藏 60 天后，甜瓜会发生不同程度的冷害。根据不同甜瓜的品种特性来分别控制库温，并采用间歇升温或逐渐降温的方法来减少果实冷害的发生。

(2)湿度。采后尽快预冷，从采下至库内的时间越短越好。甜瓜的储藏适宜湿度为70%～85%。晒瓜可使表皮干燥变软，减少病菌繁殖，但是晒瓜损耗很大，而且采后在高温下晒瓜可加快瓜后熟，缩短储藏期。

(3)气体。甜瓜品种有些是有呼吸跃变的，因此用气调的方法可控制其呼吸作用，减缓呼吸高峰的到来，一般 $O_2$ 为 3%～5%，$CO_2$ 为 0～2%最适宜。

## 98.甜瓜储藏的技术关键有哪些？

(1)选择耐贮品种。网纹甜瓜的耐贮性不如非网纹甜瓜。果肉紧密的果实明显比松散的果实储藏时间长。一般晚熟品种果皮厚而坚韧、有弹性、肉质致密，较耐储藏，而早中熟品种的耐贮性能较差。以下新疆厚皮甜瓜品种较而储藏：伽师瓜(卡拉克赛)、哈密加格达、杂交伽师瓜、金蜜露、红蜜脆、8601(新蜜杂 7 号)、皇后、皇后 3 号(抗病皇后)等。

(2)采前栽培措施。多施有机肥，N、P、K 肥合理应用；生长期灌水要少，停水要早，严格控制甜瓜果实成熟期土壤水分。生长期做好病虫害防治。

(3)采收。用作长途运输和储藏的甜瓜多在八成熟时采收，需经过一段时间的后熟作用。采收时间一般为晴天上午露水干后，雨天不能采收，中雨以上要推迟采收。采收时用剪刀或小刀在果柄近蔓端约 5 cm 处切取，不允许强扭、拧、拽下果实。无果柄的甜瓜不能入库储藏。

甜瓜在采收及搬运等周转和处理的次数越少，果品的耐藏性越高。每种多余的触摸都可能损坏果实表皮的结构，如绒毛、蜡质层等，以及造成机械损伤而导致病原的入侵。

(4)储藏方法。

①土窖储藏。土窖储藏是甜瓜产区主要的储藏方式。有地下式窖和半地下式窖两种。地下式窖，窖深 2.5～3.5 m，窖顶与地面平，宽 3～5 m，长度一般为 50 m 左右。可以是土坯结构或水泥结构。在窖底地面铺 5 cm 左右的细沙，可调节湿度，亦可作为果实的衬垫。窖顶相隔一定距离开天窗，以备通风换气。半地下式窖，地下部分深 1.5～2 m，地上部分高 1.2 m 左右，宽 4～6 m，长 8～10 m。土坯或砖墙、窖顶相对部位设通气口。

果实入窖前，要搞好窖内的清洁卫生，用 1%～2% 甲醛喷洒或用 20 g/$m^3$ 硫磺燃烧消毒，密闭 24 h 后进行通风，所有器械可用 5% 高锰酸钾溶液进行擦洗消毒。消毒在果实入窖前 10 天进行，消毒后日间密闭储藏窖，夜间通风，以保持窖内低温。土窖附近应建造凉棚。果实入窖前要先在凉棚下预冷，然后入窖。在储藏前期要加强通风降温，后期要注意保温与适当增温。刚入窖时，外界气温较高，可在晚上将天窗或通气口打开，以便通风换气降温。当外界气温下降至 0℃以下时，要密闭门窗，以免果实受冻。

土窖储藏甜瓜一般有吊藏、架藏及平地沙藏 3 种方式。

②冷藏。商业上采用冷库箱藏。每箱装 3～4 个瓜，瓜之间用纸板相隔，入库后平摆在架子上，或码垛。纸箱包装可减少果实失水，同时也可以一定程度地控制致病微生物的传播。纸箱入库出库都较方便，也便于批发和销售。入库前一定要经过预冷。

③气调储藏。

A. 塑料薄膜封闭储藏。包括袋封法（有单果紧缩薄膜包装，多果包装和纸箱外罩塑料薄膜）和大帐法（即在产品堆垛上下四周用薄膜包围密封）。包装材料有高密度聚乙烯薄膜、低密度聚乙烯薄膜和多孔聚乙烯薄膜等。

B. 硅橡胶窗气调储藏。硅窗气调具有降低甜瓜的呼吸强度，降低腐烂率，推迟腐烂时间等作用。$O_2$ 浓度为 10% 左右，$CO_2$ 浓度为2%～4%，窖温基本稳定，可储藏90天。

C.控制气体储藏（CA）。使用充氮降氧储藏法，即把甜瓜装入袋内放入果窖中，窖温高时每周充$N_2$ 3～5次，窖温低时充2～3次。$O_2$浓度为3%～5%，$CO_2$为0～2%最为适宜。

（5）冷库储藏工艺过程。

①储藏库和包装材料的消毒。机械冷藏库入库前1周进行库房和用具消毒。消毒方法可用硫磺熏蒸，或专用库房消毒剂，也可用福尔马林喷洒。用硫磺熏蒸时，按每立方米20 g硫磺用量，将硫磺加热燃烧，然后密闭24 h，通风换气后方可使用。注意在燃烧硫磺时防止因火星飞溅而引发火灾。

②库房提前降温至2～3℃（晚熟品种）或5～6℃（中熟品种）。库房消毒后，应提前3～5天开动制冷机进行降温，使空库气温降至2℃左右并维持这一温度。提前降温不仅是把库内气温降低，而且要把库体（屋顶、墙壁及地面）等的温度也要降下来，这样才能在预冷及储藏过程中维持较稳定的低温。夏季外界热辐射强烈，降温时间要比秋末更长一些。

③采收、包装及运输。于八成熟时采收，采收时用剪刀保留果柄剪下。采下的瓜要轻拿轻放，用铺有瓜蔓或软物的筐或箱运到地头，避免摩擦。包装箱可用带孔硬纸箱、木箱或塑料箱，单瓜果用发泡网套好后再装箱，每箱2～4个瓜，用软物将瓜与瓜、瓜与箱壁垫牢，切忌运输途中造成摩擦。甜瓜宜在凌晨采收，采前15～20天内不能浇水。

④贮前预处理。将甜瓜用防腐药液短时浸泡或涂抹处理后，将甜瓜单层摆放于阴凉通风处，瓜底辅上苇席，晾晒6～8天，中间轻轻翻动一次，切忌阳光直晒。晾晒完毕后选好瓜入库。

⑤入库。库内若是搭架摆放，入库时则可直接选好瓜入库摆放，单层摆放。若装箱码垛，则先用发泡网包装后再装箱，码垛时四周留出风道。入库时必须在上午12时之前进行。

⑥温湿度管理。晚熟瓜库内温度维持在2～3℃，中熟瓜5～6℃。空气相对湿度以85%为宜。有条件进行气调储藏的，可控制$O_2$含量为3%～5%，$CO_2$ 0～2%。

## 99.西瓜储藏的操作要点有哪些?

西瓜储藏保鲜先做好选择耐储藏品种、及时采摘、化学防腐等，可采用以下方法。

(1)草藏。多用于城市零售。西瓜运达后按不同成熟度、大小、好次分档，熟瓜、次瓜先销，其他的储藏，供续销。储藏地阴凉通风，以水泥地为佳，先在地面铺5～10 cm厚干稻草或麦秸，后堆放西瓜(瓜原向阳面朝上，背阳面朝下)，以3层为宜。当然亦可搭架摆放可延长出售期7～10天。

(2)沙藏。选阴凉、通风、干净房间，地面铺7～10 cm细河沙，将瓜一个个摆上，最后覆沙盖过瓜3～5 cm，但绿叶应露于沙面。沙藏瓜每个要留3个蔓节并保留瓜蒂处2～3片绿叶，剪口用洁净草木灰糊住。沙藏完毕即用磷酸二氢钾100 g加水50 kg喷洒叶面，后每隔10天喷洒1次。用此法储藏的瓜1.5个月后100%完好并能保持品种特色及风味不变。

(3)堆藏。选八成熟的瓜，采前2～3天喷洒1%多菌灵或托布津消毒。早晨用剪刀从果柄1～2 cm处割下，随即用0.002%～0.003%的2,4-D溶液涂瓜蒂，干后储藏。储藏时将库房打扫干净，用3%～5%石灰水喷洒消毒后，地面铺5～10 cm厚干细沙，瓜整齐堆放在沙上2～3层，然后敞开门窗通风1～2天后关闭，库内温度稳定保持在8～10℃，温湿度大时注意早晚通风换气，若发现烂瓜及时捡出并用石灰水消毒。如此可储藏25～35天。此外瓜入储藏室时先用5%食盐水擦洗瓜面，以后每隔10天检查并擦洗瓜面1次，可贮至年底。

(4)蔓汁储藏。采瓜时留一段瓜蔓。贮前先将新鲜西瓜蔓研磨出汁，后用滤纸或纱布过滤，稀释300～500倍喷洒整个瓜表面，稍干后用牛皮纸或报纸将瓜包卷起来并封严纸卷两端，置阴凉、通风库房内。瓜堆以2层为宜。储藏中要防止高温、高湿，每隔7～10天检查一次，可储藏20～30天。

(5)气调储藏。先用4倍稀释虫胶涂抹瓜，接着用0.04 mm厚聚乙烯薄膜袋装瓜，每袋2个，内放2小包硅胶，密封袋口储藏。储藏时袋内宜保持二氧化碳2%，氧气10%，库内温度第一个月15～18℃，第二个月9～15℃，以后4℃左右，一般可贮80～100天。

## 100.如何有针对性地控制西瓜甜瓜储藏期病害？

(1)西瓜储藏期间的病害及防治。

①炭疽病。病原菌多在田间感染侵入。发病初期，瓜面上出现淡褐色圆斑，以后病斑逐渐扩大，病斑表面颜色深浅交错，瓜肉也随之软腐下陷，造成腐烂，不堪食用(图5-1)。

图5-1 炭疽病

防治方法：采收前7～15天喷800倍的多菌灵效果较好；西瓜采后，用300～600倍多菌灵浸瓜10 min，晾干后入贮；采用5～6℃低温储藏，可有效地控制炭疽病的发展。

②青霉菌性腐烂。病菌来源于西瓜自身和储藏场所。采后西瓜碰压伤或其他病虫危害造成伤口发病。青霉菌主要侵染瓜蒂及伤口，瓜蒂被侵染后，开始表现为白色小斑点，10～15天后斑点扩大，形成许多灰白色的菌丝体，瓜蒂密生一层绒毛状菌丝，最后导致瓜蒂腐烂变黑。

防治方法：选择无病、优质的新鲜西瓜为储藏材料，采摘时轻拿轻放，运输中避免剧烈振动，尽量减少伤口。另外，用于西瓜储藏的场所应于西瓜入贮前3天，用硫磺熏蒸（10 $g/m^3$），然后密闭2天，再通风换气即可。

③冷害。西瓜冷害的症状是果实表面出现不规则的小而浅的凹陷斑，使瓜面形成“麻子脸”状，严重时，果肉颜色变浅，纤维增多，风味变劣，严重时瓜肉外层变软，并逐渐向内层扩展，亦呈水渍状，易被杂菌侵染迅速溃烂。冷害症状常常在出库升温后变得更加明显。

防治方法：采前7～10天喷洒0.4%$CaCl_2$溶液，增强西瓜的抗逆性；选择适宜成熟度（八九成熟）的西瓜储藏；适宜的温度下储藏，如丰收1号中晚熟种，贮温为7.2～12.5℃，抗病黑巨霸晚熟种，贮温为5～10℃为宜；适度干爽条件，如相对湿度65%～80%，有利于控制病害。

④高$CO_2$及低$O_2$伤害。在气调储藏中，当环境中$O_2$降至1%时，或$CO_2$高于3%～8%易发生此病伤害。受害初期，西瓜表面形成深色小斑点，稍陷，以后逐渐扩大，形成界限明显的病斑，开始水浸状，严重时外表皮形成一薄层较脆的外壳，以后逐渐起皱开裂，瓜皮与瓜肉分离，病斑部位沤烂或有酒精味，特别是靠近种子的部位为紫红色，肉质较硬，有韧性，但风味变差。

防治方法：主要是严格控制环境中气调指数，西瓜气调指数为$O_2$ 3%～5%，$CO_2$ 0.5%～2%。一般每隔7～12天用奥氏气体分析仪检测其气体成分的变化，当短时内$CO_2$浓度增高时，应尽快通气换气，将 $O_2$ 浓度恢复正常范围内，使 $CO_2$ 毒害减轻。

(2)甜瓜储藏期间的病害及防治。

①软腐病。高温致病，最适生长温度 25～30℃，温度低于 12℃即不发病。是棚车常温运输，土窖储藏甜瓜前期的毁灭性病害。该病不能侵染完整健康的果实，但可穿过衰老组织的自然开孔、机械损伤处、裂纹、茎端切割伤口侵入，而且接触传染速度很快，3～7 天可使贮运甜瓜全部腐烂。初期水浸状，病斑 1～2 cm 大，蔓延后病部大面积塌陷，直径达 7～8 cm，有时蔓延全瓜 1/3～1/2。病部表面生长灰白色—灰褐色菌丝，肉眼可见针头状黑色子实体(孢子囊)。病部果皮脆弱，一碰即破，果实崩溃，果肉组织软化。

用低温及避免机械损伤即可防治此病，另外，在包装上采用单瓜隔离包装可避免迅速传染发病。

②黑斑病。该病在整个储藏期间都会发生，是典型的低温优势菌，即使在 0～3℃下仍可发病，尤其发生冷害的甜瓜。病斑初期为直径 0.5～1 cm 浅黄褐色略塌陷的圆斑，以后果皮凹陷，病部表皮变黑直径达 2～4 cm 左右，表面长有灰白色，以后灰黑色的霉层。病部果肉呈海绵状黑色团块，深入果肉 1～2 cm，病健果肉交界处水浸状彼此脱离(图 5-2)。

图 5-2　黑斑病

采前加强病虫害防治，避免机械伤口，采后提供适宜的温、湿度和气体成分以及适当用一些保鲜剂，抑制其发病。

③白霉病。典型的土传病害，属于中温型致腐病。病部大多发生在甜瓜果实两端及近地的侧面。果皮最初呈现直径 2～3 cm，塌陷的淡褐色圆斑，果皮开裂，裂缝常出现白色霉丛，1 周左

右病斑直径扩大至 5～6 cm，周围水浸状，中心为白色，以后转为淡黄色或粉红色霉层，霉层绒垫状，菌丝较紧密。病部瓜肉充满菌丝呈海绵状木质团块，颜色大多不变，一般深入组织 2～3 cm，有时直至果腔。病部与健康果肉组织脱离。

白霉病的方法与控制黑斑病的方法相同。

④青霉病。采后通过机械损伤，衰老组织的自然开孔侵入致病。低温并不能完全抑制青霉，因此对青霉病的防治要加强田间病虫害防治，防治产生机械损伤，提供适宜的储藏环境条件，低温，适宜的气体成分。

⑤红粉病。病斑橘褐色，直径 5～10 cm，后期病斑下陷，并布满酱红色粉状物，无伤和有伤接菌均可致病。主要是田间潜伏侵染。

# 附录

## 一、中华人民共和国农业行业标准
## 绿色食品　产地环境技术条件

Environmental technical terms for green food production area

NY/T 391—2000

中华人民共和国农业部 2000-03-02 发布　　2000-04-01 实施

### 前　　言

为了保证绿色食品的质量，合理选择符合绿色食品生产要求的环境条件，防止人类生产和生活活动产生的污染对绿色食品产地的影响，并促进生产者通过综合措施增施改进土壤肥力，特制定本标准。本标准从 2000 年 04 月 01 日实施，同时代替 1995 年 8 月颁布的《绿色食品产地生态环境质量标准》。

——标准名称；

——定义（增加了绿色食品产地环境质量）；

——环境空气质量（调整了限值）；

——农田灌溉水质（调整了部分项目和限值）；

——渔业水质（调整了部分项目和限值）；

——土壤环境质量（调整了评价体系和含量限值）；

——附录（增加了土壤肥力分级）；

本标准的附录 A 是标准的附录。

本标准由中国绿色食品发展中心提出并归口。

本标准主要起草单位：中国农业大学资源和环境学院。

本标准主要起草人：沈德中、杨林书、张从、孟凡乔、刘英。

## 1 范围

本标准规定了绿色食品产地的环境空气质量、农田灌溉水质、渔业水质、畜禽养殖水质和土壤环境质量的各项指标及浓度限值，监测和评价方法。适用于绿色食品AA级和A级生产的农田、蔬菜地、果园、茶园、饲养场、放牧场和水产养殖场。

本标准还提出了绿色食品产地土壤肥力分级，供评价和改进土壤肥力状况时参考，列于附录之中。适用于栽培作物土壤，不适于野生植物土壤。

## 2 引用标准

下列标准所包括的条文，通过在本标准中引用而构成为本标准的条文。本标准出版时，所示版本均为有效。所有标准都会被修订，使用本标准的各方应探讨、使用下列标准最新版本的可能性。

GB 3095—1996 环境空气质量标准
GB 5084—92 农田灌溉水质标准
GB 11607—89 渔业水质标准
GB 5749—85 生活饮用水质标准
GB 15618—1995 土壤环境质量标准
GB 9137—88 保护农作物的大气污染物最高允许浓度
GB 7173—87 土壤全氮测定法
GB 7845—87 森林土壤颗粒组成(机械组成)的测定
GB 7853—87 森林土壤有效磷的测定
GB 7856—87 森林土壤速效钾的测定
GB 7863—87 森林土壤阳离子交换量的测定

## 3 定义

本标准采用下列定义。

3.1 绿色食品

系指遵守可持续发展原则，按照特定生产方式生产，经专门机构认定，许可使用绿色食品标志的，无污染的安全、优质、营养类食品。

3.2 AA级绿色食品

系指生产地的环境质量符合NY/T 391要求，生产过程中不使用化学合成的肥料。农药、兽药、饲料添加剂、食品添加剂和其他有害于环境和身体健康的物质，按有机生产方式生产，产品质量符合绿色食品产品标准，经专门机构认定，许可使用AA级绿色食品标志的产品。

3.3 A级绿色食品

系指生产地的环境质量符合NY/T 391的要求，生产过程中严格按照绿色食品生产资料使用准则和生产操作规程要求，限量使用限定的化学合成生产资料，产品质量符合绿色食品产品标准经专门机构认定，许可使用A级绿色食品标志的产品。

3.4 绿色食品产地环境质量

绿色食品植物生长地和动物养殖地的空气环境、水环境和土壤环境质量。

## 4 环境质量要求

绿色食品生产基地应选择在无污染和生态条件良好的地区。基地选点应远离工矿区和公路铁路干线，避开工业和城市污染源的影响，同时绿色食品生产基地应具有可持续的生产能力。

4.1 空气环境质量要求

绿色食品产地空气中各项污染物含量不应超过表1所列的浓度值。

**表 1　空气中各项污染物含量不应超过表 1 的浓度值**

$mg/m^3$(标准状态)

| 项目 | 日平均 | 1 h 平均 |
|---|---|---|
| 总悬浮颗粒物(TSP) | 0.30 | — |
| 二氧化硫($SO_2$) | 0.15 | 0.50 |
| 氮氧化物($NO_x$) | 0.10 | 0.15 |
| 氟化物 7 $\mu g/m^3$ | 1.8 $\mu g/(dm^2 \cdot d)$(挂片法) | 20 $\mu g/m^3$ |

注:①日平均指任何一日的平均浓度;②1 h 平均指任何 1 h 的平均浓度;③连续采样 3 天,一日 3 次,晨、中、晚各一次;④氟化物采样可用动力采样滤膜法或用石灰滤纸挂片法,分别按各自规定的浓度限值执行,石灰滤纸挂片法挂置 7 天。

### 4.2　农田灌溉水质要求

绿色食品产地农田灌溉水中各项污染物含量不应超过表 2 所列的浓度值。

**表 2　农田灌溉水中各项污染物的浓度限值**　mg/L

| 项 目 | 浓度限值 |
|---|---|
| pH 值 | 5.5～8.5 |
| 总汞 | 0.001 |
| 总镉 | 0.005 |
| 总砷 | 0.05 |
| 总铅 | 0.1 |
| 氟化物 | 2.0 |
| 粪大肠菌群 | 10 000 个/L |

注:灌溉菜园用的地表水需测粪大肠菌群,其他情况下不测粪大肠菌群。

### 4.3　渔业水质要求

绿色食品产地渔业用水中各项污染物含量不应超过表 3 所列

的浓度值。

**表 3　渔业用水中各项污染物的浓度限值**　mg/L

| 项 目 | 浓度限值 | 项 目 | 浓度限值 |
|---|---|---|---|
| 色、臭、味 | 不得使水产品异色、异臭和异味 | 总镉 | 0.005 |
| 漂浮物质 | 水面不得出现油膜或浮沫 | 总铅 | 0.05 |
| 悬浮物 | 人为增加的量不得超过 10 | 总铜 | 0.01 |
| pH 值 | 淡水 6.5～8.5，海水 7.0～8.5 | 总砷 | 0.05 |
| 溶解氧 | >5 | 六价铬 | 0.1 |
| 生化需氧量 | 5 | 挥发酚 | 0.005 |
| 总大肠菌群 | 5 000 个/L（贝类 500 个/L） | 石油类 | 0.05 |
| 总汞 | 0.000 5 | | |

4.4　畜禽养殖用水要求

绿色食品产地畜禽养殖用水中各项污染物不应超过表 4 所列的浓度值。

**表 4　畜禽养殖用水各项污染物的浓度限值**　mg/L

| 项 目 | 浓度限值 | 项 目 | 浓度限值 |
|---|---|---|---|
| 色度 | 15 度，并不得呈现其他异色 | 总砷 | 0.05 |
| 混浊度 | 3 度 | 总汞 | 0.001 |
| 臭和味 | 不得有异臭、异色 | 总镉 | 0.01 |
| 肉眼可见物 | 不得含有 | 六价铬 | 0.05 |
| pH 值 | 6.5～8.5 | 总铅 | 0.05 |
| 氟化物 | 1.0 | 细菌总数 | 100 个/mL |
| 氰化物 | 0.05 | 总大肠菌群 | 3 个/L |

4.5　土壤环境质量要求

本标准将土壤按耕作方式的不同分为旱田和水田两大类，每类又根据土壤 pH 值的高低分为 3 种情况，即 pH<6.5，pH 值为 6.5～7.5，pH>7.5。绿色食品产地各种不同土壤中的各项污染物含量不应超过表 5 所列的限值。

**表 5　土壤中各项污染物的含量限值**　　mg/kg

| 耕作条件 | 旱田 | | | 水田 | | |
|---|---|---|---|---|---|---|
| 土壤 pH 值 | <6.5 | 6.5～7.5 | >7.5 | <6.5 | 6.5～7.5 | >7.5 |
| 镉 | 0.30 | 0.30 | 0.40 | 0.30 | 0.30 | 0.40 |
| 汞 | 0.25 | 0.30 | 0.35 | 0.30 | 0.40 | 0.40 |
| 砷 | 25 | 20 | 20 | 20 | 20 | 15 |
| 铅 | 50 | 50 | 50 | 50 | 50 | 50 |
| 铬 | 120 | 120 | 120 | 120 | 120 | 120 |
| 铜 | 50 | 60 | 60 | 50 | 60 | 60 |

注：①果园土壤中的铜限量为旱田中的铜限量的 1 倍；②水旱轮作用的标准值取严不取宽。

4.6　土壤肥力要求

为了促进生产者增施有机肥，提高土壤肥力，生产 AA 级绿色食品时，转化后的耕地土壤肥力要达到土壤肥力分级 1～2 级指标（见附录 A）。生产 A 级绿色食品时，土壤肥力作为参考指标。

## 5　监测方法

采样方法除本标准有特殊规定外（表 1 注），其他的采样方法和所有分析方法按本标准引用的相关国家标准执行。

空气环境质量的采样和分析方法根据 GB 3095 的 6.1、6.2.7

和 GB 9137 的 5.1 和 5.2 规定执行。

农田灌溉水质的采样和分析方法根据 GB 5084 的 6.2、6.3 规定执行。

渔业水质的采样和分析方法根据 GB 11607 的 6.1 规定执行。

畜禽养殖水质的采样和分析方法根据 GB 5749 规定执行。

土壤环境质量的采样和分析方法根据 GB 15618 的 5.1、5.2 的规定执行。

## 附录 A(标准的附录)　绿色食品产地土壤肥力等级

### 1　土壤肥力分级参考指标

本附录规定了土壤肥力的分级指标，见附表 1。

附表 1　土壤肥力分级参考指标

| 项目 | 级别 | 旱地 | 水田 | 菜地 | 园地 | 牧地 |
|---|---|---|---|---|---|---|
| 有机质(g/kg) | Ⅰ | >15 | >25 | >30 | >20 | >20 |
| | Ⅱ | 10～15 | 20～25 | 20～30 | 15～20 | 15～20 |
| | Ⅲ | <10 | <20 | <20 | <15 | <15 |
| 全氮(g/kg) | Ⅰ | >1.0 | >1.2 | >1.2 | >1.0 | — |
| | Ⅱ | 0.8～1.0 | 1.0～1.2 | 1.0～1.2 | 0.8～1.0 | — |
| | Ⅲ | <0.8 | <1.0 | <1.0 | <0.8 | — |
| 有效磷(mg/kg) | Ⅰ | >10 | >15 | >40 | >10 | >10 |
| | Ⅱ | 5～10 | 10～15 | 20～40 | 5～10 | 5～10 |
| | Ⅲ | <5 | <10 | <20 | <5 | <5 |

续附表 1

| 项 目 | 级别 | 旱地 | 水田 | 菜地 | 园地 | 牧地 |
|---|---|---|---|---|---|---|
| 有效钾(mg/kg) | Ⅰ | >120 | >100 | >150 | >100 | — |
| | Ⅱ | 80～120 | 50～100 | 100～150 | 50～100 | — |
| | Ⅲ | <80 | <50 | <100 | <50 | — |
| 阳离子交换量(cmol/kg) | Ⅰ | >20 | >20 | >20 | >15 | — |
| | Ⅱ | 15～20 | 15～20 | 15～20 | 15～20 | — |
| | Ⅲ | <15 | <15 | <15 | <15 | — |

## 2 土壤肥力评价

土壤肥力的各个指标，Ⅰ级为优良，Ⅱ级为尚可，Ⅲ级为较差。供评价者和生产者在评价和生产时参考。生产者应增施有机肥，使土壤肥力逐年提高。

## 3 土壤肥力测定方法

见 GB 7173,GB 7845,GB 7853,CB 7856,GB 7863。

# 二、中华人民共和国农业行业标准
# 绿色食品　农药使用准则

Pesticide application guideline for green food production

NY/T 393—2000

中华人民共和国农业部 2000-03-02 发布　　2000-04-01 实施

## 前　言

绿色食品是无污染的安全、优质、营养类食品，合理使用农药、肥料等生产资料是生产绿色食品的重要环节。为了确保绿色食品的质量，实施对生产绿色食品的农药质量管理，特制定本标准。

本标准的附录 A 是标准的附录。

本标准由中国绿色食品发展中心提出并归口。

本标准主要起草单位：中国农业大学应用化学系、农业部农药检定所。

本标准主要起草人：钱传范、李本昌、罗斌、郭春敏。

## 1 范围

本标准规定了 AA 级绿色食品及 A 级绿色食品生产中允许使用的农药种类、毒性分级和使用准则。

本标准适用于在我国取得登记的生物源农药（biogenic pesticides）、矿物源农药（pesticides of fossilorigin）和有机合成农药（synthetic organic pesticides）。

## 2 引用标准

下列标准所包含的条文，通过在本标准中引用而构成为本标准的条文。在标准出版时，所示版本为有效。所有标准都会被修订，使用标准的各方应探讨使用下列标准最新版本的可能性。

GB 4285—84 农药安全使用标准

GB 8321.1—87 农药合理使用准则(一)

GB 8321.2—87 农药合理使用准则(二)

GB 8321.3—89 农药合理使用准则(三)

GB 8321..4—93 农药合理使用准则(四)

GB 8321.5—1997 农药合理使用准则(五)

GB 8321.6—1999 农药合理使用准则(六)

NY/T 391—2000 绿色食品　产地环境技术条件

## 3 定义

本标准采用下列定义。

3.1 绿色食品

系指遵循可持续发展原则，按照特定生产方式生产，经专门机构认定，许可使用绿色食品标志的无污染的安全、优质、营养类食品。

3.2 AA级绿色食品

系指在生产地的环境质量符合 NY/T 391 的要求，在生产过程中不使用化学合成的肥料、农药、兽药、饲料添加剂、食品添加剂和其他有害于环境和健康的物质，按有机农业生产方式生产，产品质量符合绿色食品产品标准，经专门机构认定，许可使用AA级绿色食品标志的产品。

3.3 A级绿色食品

系指生产的环境质量符合 NY/T 391 的要求，生产过程中严格按照绿色食品生产资料使用准则和生产操作规程要求，限量使用限定的化学合成生产资料，产品质量符合绿色食品产品标准，经专门机构认定，许可使用A级绿色食品标志的产品。

3.4 生物源农药

系指直接利用生物活体或生物代谢过程中产生的具有生物活性的物质或从生物体提取的物质作为防治病虫草害的农药。

3.5 矿物源农药

有效成分起源于矿物的无机化合物和石油类农药。

3.6 有机合成农药

由人工研制合成，并由有机化学工业生产的商品化的一类农药，包括中等毒和低毒类杀虫杀螨剂、杀菌剂，可在A级绿色食品生产上限量使用。

3.7 AA级绿色食品生产资料

系指经专门机构认定，符合绿色食品生产要求，并正式推荐用于AA级和A级绿色食品生产的生产资料。

3.8 A级绿色食品生产资料

系指经专门机构认定，符合A级绿色食品生产要求，并正式推荐用于A级绿色食品生产的生产资料。

## 4 农药种类

4.1 生物源农药

4.1.1 微生物源农药

4.1.1.1 农用抗生素

4.1.1.2 活体微生物农药

真菌剂：苏云金杆菌，蜡质芽孢杆菌等。

拮抗菌剂。

昆虫病原线虫。

微孢子。

病毒：核多角体病毒。

4.1.2 动物源农药

昆虫信息素（或昆激素）：如性信息素；

活体制剂：寄生性、捕食性的天敌动物。

4.1.3 植物源农药

杀虫剂：除虫菊素、鱼藤酮、烟碱、植物油乳剂等。

杀菌剂：大蒜素。

拒避剂：印楝素、苦楝、川楝素。

4.2 矿物源农药

4.2.1 天机杀螨杀菌剂

硫制剂：硫的悬浮剂、可湿性硫、石硫合剂等。

铜制剂：硫酸铜、氢氧化铜、波尔多液等。

4.2.2 矿物油乳剂

4.3 有机合成农药

## 5 使用准则

绿色食品生产应从作物——病虫草等整个生态系统出发，综合运用各种防治措施，创造不利于病虫草害滋生和有利于各类天敌繁衍的环境条件，保持农业生态系统的平衡和生物多样化，减少各类病虫草害所造成的损失。

优先采用农业措施，通过选用抗病虫品种，非化学药剂种子处理，培育壮苗，加强栽培管理，中耕除草，秋季深翻晒土，清洁田园，轮作倒茬、间作套种等一系列措施起到防治病虫草害的作用。

还应尽量利用灯光、色彩诱杀害虫，机械捕捉害虫，机械和人工除草等措施，防治病虫草害。特殊情况下，必须使用农药时，应遵守以下准则：

5.1 生产 AA 级绿色食品的农药使用准则

5.1.1 允许使用 AA 级绿色食品生产资料农药类产品

5.1.2 在 AA 级绿色食品生产资料农药类不能满足植保工作需要的情况下，允许使用以下农药及方法

5.1.2.1 中等毒性以下植物源杀虫剂、杀菌剂、拒避剂和增效剂。如除虫菊素、鱼藤根、烟草水、大蒜素、苦楝、川楝、印楝、芝麻素等

5.1.2.2 释放寄生性捕食性天敌动物，昆虫、捕食螨、蜘蛛及昆虫病原线虫等

5.1.2.3 在害虫捕捉器中使用昆虫信息素及植物源引诱剂

5.1.2.4 使用矿物油和植物油制剂

5.1.2.5 使用矿物源农药中的硫制剂、铜制剂

5.1.2.6 经专门机构核准，允许有限度地使用活体微生物农药，如真菌制剂、细菌制剂、病毒制剂、放线菌、拮抗菌剂、昆虫病原线虫、原虫等

5.1.2.7 经专门机构核准，允许有限度地使用活体微生物农药，如真菌制剂、细菌制剂、病毒制剂、放线菌、拮抗菌剂、昆虫病原线虫、原虫等

5.1.3 禁止使用有机合成的化学杀虫剂、杀螨剂、杀菌剂、杀线虫剂、除草剂和植物生长调节剂

5.1.4 禁止使用生物源、矿物源农药中混配有机合成农药的各种制剂

5.1.5 严禁使用基因工程品种（产品）及制剂

5.2 生产 A 级绿色食品的农药使用准则

5.2.1 允许使用 AA 级和 A 级绿色食品生产农药类产品

5.2.2 在 AA 级和 A 级绿色食品生产资料农药类产品不能满足植保工作需要的情况下，允许使用以下农药及方法

5.2.2.1 中等毒性以下植物源农药、动物源农药和微生物源农药

5.2.2.2 在矿物源农药中允许使用硫制剂、铜制剂

5.2.2.3 有限度地使用部分有机合成农药，应按 GB 4285、GB 8321.1、GB 8321.2、GB 8321.3、GB 8321.4、GB 8321.6 的要求执行

此外，还需严格执行以下规定：

a. 应选用上述标准中列出的低毒农药和中等毒性农药。

b. 严禁使用剧毒、高毒、高残留或具有三致毒性（致癌、致畸、致突变）的农药（参见附录 A）。

c. 每种有机合成农药（含 A 级绿色食品生产资料农药类的有机合成产品）在一种作物的生长期内只允许使用一次。

5.2.2.4 严格按照 GB 4285、GB 8321.1、GB 8321.2、GB 8321.3、GB 8321.4、GB 8321.3、GB 8321.4、GB 8321.5、GB 8321.6 的最高残留限量（MRL）要求

5.2.2.5 有机合成农药在农产品中的最终残留应符合 GB 4285、GB 8321.1、GB 8321.2、GB 8321.3、GB 8321.4、GB 8321.5、

GB 8321.6 的最高残留限量(MRL)要求

5.2.3　严禁使用高毒高残留农药防治储藏期病虫害

5.2.4　严禁使用基因工程品种(产品)及制剂

**附录 A　生产 A 级绿色食品禁止使用的农药**

| 种类 | 农药名称 | 禁用作物 | 禁用原因 |
|---|---|---|---|
| 有机氯杀虫剂 | 滴滴涕、六六六、林丹、甲氧DDT、硫丹 | 所有作物 | 高残毒 |
| 有机氯杀螨剂 | 三氯杀螨醇 | 蔬菜、果树、茶叶 | 工业品中含有一定数量的滴滴涕 |
| 有机磷杀虫剂 | 甲拌磷、乙拌磷、久效磷、对硫磷、甲基对硫磷、甲胺磷、甲基异柳磷、治螟磷、氧化乐果、磷胺、地虫硫磷、灭克磷(益收宝)、水胺硫磷、氯唑磷、硫线磷、杀扑磷、特丁硫磷、克线丹、苯线磷、甲基硫环磷 | 所有作物 | 剧毒高毒 |
| 氨基甲酸酯杀虫剂 | 涕灭威、克百威、灭多威、丁硫克百威、丙硫克百威 | 所有作物 | 高毒、剧毒或代谢物高毒 |
| 二甲基甲脒类杀虫杀螨剂 | 杀虫脒 | 所有作物 | 慢性毒性、致癌 |
| 拟除虫菊酯类杀虫剂 | 所有拟除虫菊酯类杀虫剂 | 水稻及其他水生作物 | 对水生生物毒性大 |
| 卤代烷类熏蒸杀虫剂 | 二溴乙烷、环氧乙烷、二溴氯丙烷、溴甲烷 | 所有作物 | 致癌、致畸、高毒 |
| 阿维菌素 | | 蔬菜、果树 | 高毒 |
| 克螨特 | | 蔬菜、果树 | 慢性毒性 |

续附录 A

| 种类 | 农药名称 | 禁用作物 | 禁用原因 |
|---|---|---|---|
| 有机砷杀菌剂 | 甲基胂酸锌(稻脚青)、甲基胂酸钙胂(稻宁)、甲基胂酸铁铵(田安)、福美甲胂、福美胂 | 所有作物 | 高残毒 |
| 有机锡杀菌剂 | 三苯基醋酸锡(薯瘟锡)、三苯基氯化锡、三苯基羟基锡(毒菌锡) | 所有作物 | 高残留、慢性毒性 |
| 有机汞杀菌剂 | 氯化乙基汞(西力生)、醋酸苯汞(赛力散) | 所有作物 | 剧毒、高残毒 |
| 有机磷杀菌剂 | 稻瘟净、异稻瘟净 | 水稻 | 异臭 |
| 取代苯类杀菌剂 | 五氯硝基苯、稻瘟醇(五氯苯甲醇) | 所有作物 | 致癌、高残留 |
| 2、4-D 类化合物 | 除草剂或植物生长调节剂 | 所有作物 | 杂质致癌 |
| 二苯醚类除草剂 | 除草醚、草枯醚 | 所有作物 | 慢性毒性 |
| 植物生长调节剂 | 有机合成的植物生长调节剂 | 所有作物 | |
| 除草剂 | 各类除草剂 | 蔬菜生长期(可用于土壤处理与芽前处理) | |

# 三、生产A级绿色食品可限制性使用的化学农药种类、毒性分级、允许的最终残留限量、最后一次施药距采收间隔期及使用方法(附表2)

附表2 生产A级绿色食品可限制性使用的化学农药种类

| 1. 有机杀虫杀螨剂 | | | | | |
|---|---|---|---|---|---|
| 1-1 有机磷杀虫剂 | | | | | |
| 农药名称 | 急性口服毒性 | 允许的最终残留量(mg/kg) | 最后一次施药距采收间隔期(天) | 常用药量克(毫升)/(次×667 $m^2$)或稀释倍数 | 施药方法及最多使用次数 |
| 敌敌畏 | 中毒 | 0.1(0.2) | 蔬菜10(7) | 80%乳油100～200 g(500～1 000倍液) | 喷雾1次 |
| 乐果 | 中毒 | 0.05(0.05)<br>0.5(0.5)<br>0.5(0.5) | 小麦、玉米、高粱15(10)<br>蔬菜15(9)<br>苹果30(7) | 40%乳油100～125 g<br>40%乳油50～125 g<br>40%乳油1 500～1 000倍 | 喷雾1次<br>喷雾1次<br>喷雾1次 |
| 杀螟硫磷 | 中毒 | 1(5)<br>0.2(0.5) | 水稻20(14)<br>苹果30(15) | 50%乳油75～100 mL<br>50%乳油1 000～1 500倍 | 喷雾1次<br>喷雾1次 |
| 马拉硫磷 | 低毒 | 1(3)<br>不得检出 | 水稻15(7)<br>蔬菜(不得使用) | 50%乳油75～100 g | 喷雾1次 |

续附表 2

| 农药名称 | 急性口服毒性 | 允许的最终残留量(mg/kg) | 最后一次施药距采收间隔期(天) | 常用药量克(毫升)/(次×667 $m^2$)或稀释倍数 | 施药方法及最多使用次数 |
|---|---|---|---|---|---|
| 辛硫磷 | 低毒 | 0.05(0.05)<br>0.05(0.05)<br>0.05(0.05) | 小麦、玉米拌种使用<br>蔬菜 10(7)<br>苹果 30(30) | 50%乳油 0.1～0.2 种子量<br>50%乳油 50～100 g<br>50%乳油 1 500～2 500 倍 | 拌种<br>喷雾 1 次<br>喷雾 1 次 |
| 敌百虫 | 低毒 | 0.05(0.1)<br>0.1(0.2) | 水稻 15(7)<br>蔬菜(7～8) | 90%固体 100 g<br>90%固体 100 g | 喷雾 1 次<br>喷雾 1 次 |
| 1-2　氨基甲酸酯类杀虫剂 | | | | | |
| 西维因 | 中毒 | 1(5) | 水稻 40(北)(30)<br>水稻 15(南)(10) | 8%粉剂 1 500～2 000 g<br>25%可湿性粉剂 200～250 g | 喷雾 1 次<br>喷雾 1 次 |
| 叶蝉散 | 中毒 | 0.1(0.2) | 水稻 40(30) | 2%粉剂 1 500 g | 喷雾 1 次 |
| 速灭威 | 中毒 | 0.1(0.2) | 水稻 30(30) | 25%可湿性粉剂 200～300 g | 喷雾 1 次 |
| 抗蚜威 | 中毒 | 0.5(1)<br>0.5(1)<br>0.05(0.0 麦粒)<br>0.1(0.2,菜籽) | 大豆 15(10)<br>叶菜 10(6)<br>小麦 20(14)<br>油菜 10(4) | 50%可湿性粉剂 10～16 g<br>50%可湿性粉剂 10～30 g<br>50%可湿性粉剂 10～20 g<br>50%可湿性粉剂 10～20 g | 喷雾 1 次<br>喷雾 1 次<br>喷雾 1 次<br>喷雾 1 次 |

续附表 2

| 农药名称 | 急性口服毒性 | 允许的最终残留量(mg/kg) | 最后一次施药距采收间隔期(天) | 常用药量克(毫升)/(次×667 $m^2$)或稀释倍数 | 施药方法及最多使用次数 |
|---|---|---|---|---|---|
| 1-3 菊酯类杀虫剂 | | | | | |
| 氯氰菊酯 | 中毒 | 0.5(1) | 叶菜 7(2～5) | 10%乳油 20～30 mL | 喷雾 1 次 |
| | | | | 25%乳油 12～16 mL | 喷雾 1 次 |
| | | 0.2(0.5) | 番茄 5(1) | 10%乳油 20～30 mL | 喷雾 1 次 |
| | | 1(2) | 苹果 30(21) | 10%乳油 4 000～2 500 倍 | 喷雾 1 次 |
| 溴氰菊酯 | 中毒 | 0.2(0.5) | 叶菜 7(2) | 2.5%乳油 20～40 mL | 喷雾 1 次 |
| | | 0.05(0.1) | 苹果 30(5) | 2.5%乳油 2 500～1 250 倍 | 喷雾 1 次 |
| | | 0.2(0.5) | 小麦 20(15) | 2.5%乳油 10～15 mL | 喷雾 1 次 |
| | | 0.1(0.1) | 大豆 15(7) | 2.5%乳油 15～25 mL | 喷雾 1 次 |
| 氰戊菊酯 | 中毒 | 0.1(0.2) | 小麦 20(15) | 20%乳油 20～35 mL | 喷雾 1 次 |
| | | 0.1(0.2) | 苹果 30(18) | 20%乳油 4 000～1 600 倍 | 喷雾 1 次 |
| | | 0.2(0.5) | 叶菜 10～15(5～12) | 20%乳油 15～40 mL | 喷雾 1 次 |
| | | 0.1(0.2) | 番茄 10(3) | 20%乳油 30～40 mL | 喷雾 1 次 |
| | | 0.1(0.1) | 大豆 15(10) | 20%乳油 10～40 mL | 喷雾 1 次 |
| 1-4 杀螨剂 | | | | | |
| 双甲脒 | 低毒 | 0.2(0.4) | 苹果 40(30) | 20%乳油 1 000 倍 | 喷雾 1 次 |
| 尼索朗 | 低毒 | 0.2(0.5) | 苹果 40(30) | 5%乳油 2 000～1 500 倍 | 喷雾 1 次 |
| 克螨特 | 低毒 | 2(5) | 苹果 40(30) | 73%乳油 3 000～2 000 倍 | 喷雾 1 次 |

续附表 2

| 农药名称 | 急性口服毒性 | 允许的最终残留量(mg/kg) | 最后一次施药距采收间隔期(天) | 常用药量克(毫升)/(次×667 $m^2$)或稀释倍数 | 施药方法及最多使用次数 |
|---|---|---|---|---|---|
| 2. 有机杀菌剂 | | | | | |
| 2-1 有机硫杀菌剂 | | | | | |
| 福美双(卫福) | 低毒 | 0.2(0.2，麦粒) | 春小麦播种前拌种 | 75%卫福可湿性粉剂，含福美双 37.5%(萎锈灵 37.5%) 2.5～2.8 g/kg 种子 | 拌种 |
| 2-2 取代苯类杀菌剂 | | | | | |
| 百菌清 | 低毒 | 0.2(0.2)<br>1(1)<br>0.1(0.1，花生仁)<br>1(1)<br>1(1)<br>1(1) | 水稻 15(10)<br>番茄 30(23)<br>20(14)<br>苹果 30(20)<br>梨 30(25)<br>葡萄 30(21) | 75%可湿性粉剂 100 g<br>75%可湿性粉剂 100～200 g<br>75%可湿性粉剂 100～160 g<br>75%可湿性粉剂 600 倍<br>75%可湿性粉剂 600 倍<br>75%可湿性粉剂 600 倍 | 喷雾 1 次<br>喷雾 1 次<br>喷雾 1 次<br>喷雾 1 次<br>喷雾 1 次<br>喷雾 1 次 |
| 甲霜灵(瑞毒霉) | 低毒 | 0.2(0.5)<br>0.5(1) | 黄瓜 10(7)<br>葡萄 10(7) | 58%可湿性粉剂 75～120 g<br>58%可湿性粉剂 75～120 g | 喷雾 1 次<br>喷雾 1 次 |

续附表 2

| 农药名称 | 急性口服毒性 | 允许的最终残留量(mg/kg) | 最后一次施药距采收间隔期(天) | 常用药量克(毫升)/(次×667 $m^2$)或稀释倍数 | 施药方法及最多使用次数 |
|---|---|---|---|---|---|
| 甲基硫菌灵 | 低毒 | 0.1(0.1,糙米)<br>0.1(0.1,麦粒) | 水稻 35(30)<br>小麦 35(30) | 50%悬浮剂 100～150 mL<br>70%可湿性粉剂 100～140 g<br>50%悬浮剂 100～150 mL<br>70%可湿性粉剂 70～100 g | 喷雾 1 次<br>喷雾 1 次<br>喷雾 1 次<br>喷雾 1 次 |
| 2-3 杂环类杀菌剂 | | | | | |
| 多菌灵 | 低毒 | 0.2(0.5 糙米)<br>0.2(0.5 麦粒)<br>0.2(0.5) | 水稻 35(30)<br>小麦 25(20)<br>黄瓜 10(7) | 50%可湿性粉剂 50 g<br>50%可湿性粉剂 75～150 g<br>25%可湿性粉剂 1 000～500 倍 | 喷雾 1 次<br>喷雾 1 次<br>喷雾 1 次 |
| 三唑酮(粉锈宁) | 低毒 | 0.2(0.5)<br>0.1(0.2)<br>0.1(0.2)<br>0.1(0.2) | 小麦 40(30)<br>苹果、辣椒、番茄、葡萄、黄瓜 7～10(5) | 25%可湿性粉剂 35～60 g<br>20%可湿性粉剂 1 000～500 倍 | 喷雾 1 次<br>喷雾 1 次 |

注:1.允许的最终残留量栏括号中数字为国家或国际标准。

2.最后一次施药距采收间隔期栏括号中数字为国家或国际标准。

3.本表仅为部分常用农药种类。

本标准由中国绿色食品发展中心制定。

# 四、中华人民共和国农业行业标准
# 绿色食品　肥料使用准则

（Fertilizer application guideline for green food production）

NY/T 392—2000

中华人民共和国农业部 2000-03-02 发布　　2000-04-01 实施

## 前　言

绿色食品是无污染的安全、优质、营养类食品，合理使用肥料、农药等生产资料是生产绿色食品的重要一环。为了确保绿色食品的质量，实施对生产绿色食品的肥料质量管理，特制定本标准。本标准为生产绿色食品的生产资料使用系列准则之一。

本标准的附录 A、附录 B 是标准的附录。

本标准由中国绿色食品发展中心提出并归口。

本标准主要起草单位：中国农业科学院土壤肥料研究所。

本标准主要起草人：李元芳、曾木祥、罗斌、王华飞。

## 1　范围

本标准规定了 AA 级绿色食品和 A 级绿色食品生产中允许使用的肥料种类、组成及使用准则。

本标准适用于生产 AA 级绿色食品和 A 级绿色食品的农家肥料及商品有机肥料、腐殖酸类肥料、微生物肥料、半有机肥料（有机复合肥料）、无机（矿质）肥料和叶面肥料等商品肥料。

## 2　引用标准

下列标准所包含的条文，通过在本标准中引用而构成为本标准的条文。在标准出版时，所示版本均为有效。所有标准都会被修订，使用本标准的各方应探讨使用下列标准最新版本的可能性。

GB 8172、1987 城镇垃圾农用控制标准

NY 227—1994 微生物肥料

GB 17419—1998 含氨基酸叶面肥料

GB 17420—1998 含微量元素叶面肥料

NY/T 391—2000 绿色食品产地环境技术条件

## 3 定义

本标准采用下列定义。

3.1 绿色食品

系指遵循可持续发展原则，按照特定生产方式生产，经专门机构认定，许可使用绿色食品标志的，无污染的安全、优质、营养类食品。

3.2 AA 级绿色食品

系指生产地的环境质量符合 NY/T 391 的要求，生产过程中不使用化学合成的肥料、农药、兽药、饲料添加剂、食品添加剂和其他有害于环境和身体健康的物质，按有机生产方式生产，产品质量符合绿色食品产品标准，经专门机构认定，许可使用 AA 级绿色食品标志的产品。

3.3 A 级绿色食品

系指生产地的环境质量符合 NY/T 391 的要求，生产过程中严格按照绿色食品生产资料使用准则和生产操作规程要求，限量使用限定的化学合成生产资料，产品质量符合绿色食品产品标准，经专门机构认定，许可使用 A 级绿色食品标志的产品。

3.4 农家肥料

系指就地取材、就地使用的各种有机肥料。它由含有大量生物物质、动植物残体、排泄物、生物废物等积制而成的。包括堆肥、沤肥、厩肥、沼气肥、绿肥、作物秸秆肥、泥肥、饼肥等。

3.4.1 堆肥

以各类秸秆、落叶、山青、湖草为主要原料并与人畜粪便和少量泥土混合堆制经好气微生物分解而成的一类有机肥料。

3.4.2 沤肥

所用物料与堆肥基本相同，只是在滩水条件下，经微生物厌气发酵而成一类有机肥料。

3.4.3 厩肥

以猪、牛、马、羊、鸡、鸭等畜禽的粪尿为主与秸秆等垫料堆积并经微生物作用而成的一类有机肥料。

3.4.4 沼气肥

在密封的沼气池中，有机物在嫌气条件下经微生物发酵制取沼气后的副产物。主要由沼液肥和沼渣肥两部分组成。

3.4.5 绿肥

以新鲜植物体就地翻压、异地施用或经沤、堆后而成的肥料。主要分为豆科绿肥和非豆科绿肥两大类。

3.4.6 作物秸秆肥

以麦秸、稻草、玉米秸、豆秸油菜秸等直接还田的肥料。

3.4.7 泥肥

以未经污染的河泥、塘泥、沟泥、港泥、湖泥等经嫌气微生物分解而成的肥料。

3.4.8 饼肥

以各种含油分较多的种子经压榨去油后的残渣制成的肥料，如菜籽饼、棉籽饼、豆饼、芝麻饼、花生饼、蓖麻饼等。

3.5 商品肥料

按国家法规规定，受国家肥料部门管理，以商品形式出售的肥料。包括商品有机肥、腐殖酸类肥、微生物肥、有机复合肥、无机（矿质）肥、叶面肥等。

3.5.1 商品有机肥料

以大量动植物残体、排泄物及其他生物废物为原料加工制成的商品肥料。

3.5.2 腐殖酸类肥料

以含有腐殖酸类物质的泥炭（草炭）、褐煤、风化煤等经过加工制成含有植物营养成分的肥料。

3.5.3 微生物肥料

以特定微生物菌种培养生产的含活的微生物制剂。根据微生物肥料对改善植物营养元素的不同，可分成5类：根瘤菌肥料、固氮菌肥料、磷细菌肥料、硅酸盐细菌肥料和复合微生物肥料。

3.5.4 有机复合肥

经无害化处理后的畜禽粪便及其他生物废物加入适量的微量营养元素制成的肥料。

3.5.5 无机（矿质）肥料

矿物经物理或化学工业方式制成，养分是无机盐形式的肥料。包括矿物钾肥和硫酸钾、矿物磷肥磷矿粉、煅烧磷酸盐（钙镁磷肥、脱氟磷肥）、石灰、石膏、硫磺等。

3.5.6 叶面肥料

喷施于植物叶片并能被其吸收利用的肥料，叶面肥料中不得含有化学合成的生长调节剂。包括含微量元素的叶面肥和含植物生长辅助物质的叶面肥料等。

3.5.7 有机无机肥（半有机肥）

有机肥料与无机肥料通过机械混合或化学反应而成的肥料。

3.5.8 掺合肥

在有机肥、微生物肥、无机（矿质）肥、腐殖酸肥中按一定比例掺入化肥（硝态氮肥除外），并通过机械混合而成的肥料。

3.6 其他肥料

系指不含有毒物质的食品、纺织工业的有机副产品，以及骨粉、骨胶废渣、氨基酸残渣、家禽家畜加工废料、糖厂废料等有机物料制成的肥料。

3.7 AA 级绿色食品生产资料

系指经专门机构认定，符合绿色食品生产要求，并正式推荐用于 AA 级和 A 级绿色食品生产的生产资料。

3.8 A 级绿色食品生产资料

系指经专门机构认定，符合 A 级绿色食品生产要求，并正式推荐用于 A 级绿色食品生产的生产资料。

## 4 允许使用的肥料种类

4.1 AA 组绿色食品生产允许使用的肥料种类

4.1.1 3.4 所述的农家肥料

4.1.2 AA 级绿色食品生产资料肥料类产品

4.1.3 在 4.1.1 和 4.1.2 不能满足 AA 级绿色食品生产需要的情况下，允许使用 3.5.1～3.5.7 所述的商品肥料

4.2 A 级绿色食品生产允许使用的肥料种类

4.2.1 4.1 所述肥料种类

4.2.2 A 级绿色食品生产资料肥料类产品

4.2.3 在 4.2.1 和 4.2.2 不能满足 A 级绿色食品生产需要的情况下，允许使用 3.5.8 所述的掺合肥(有机氮与无机氮之比不超过 1∶1)

## 5 使用规则

肥料使用必须满足作物对营养元素的需要，使足够数量的有机物质返回土壤，以保持或增加土壤肥力及土壤生物活性。所有有机或无机(矿质)肥料，尤其是富含氮的肥料应对环境和作物(营养、味道、品质和植物抗性)不产生不良后果方可使用。

5.1 生产AA级绿色食品的肥料使用原则

5.1.1 必须选用4.1的肥料种类，禁止使用任何化学合成肥料

5.1.2 禁止使用城市垃圾和污泥、医院的粪便垃圾和含有害物质(如毒气、病原微生物，重金属等)的工业垃圾

5.1.3 各地可因地制宜采用秸秆还田、过腹还田、直接翻压还田、覆盖还田等形式

5.1.4 利用覆盖、翻压、堆沤等方式合理利用绿肥。绿肥应在盛花期翻压，翻理深度为15 cm左右，盖土要严，翻后耙匀。压青后15～20天才能进行播种或移苗

5.1.5 腐熟的沼气液、残渣及人畜粪尿可用作追肥。严禁施用未腐熟的人粪尿

5.1.6 饼肥优先用于水果、蔬菜等，禁止施用未腐熟的饼肥

5.1.7 叶面肥料质量应符合GB/T 17419，或GB/T 17420，或附录B中B3的技术要求。按使用说明稀释，在作物生长期内，喷施2次或3次

5.1.8 微生物肥料可用于拌种，也可作基肥和追肥使用。使用时应严格按照使用说明书的要求操作。微生物肥料中有效活菌的数量应符合NY 227中4.1及4.2技术指标

5.1.9 选用无机(矿质)肥料中的煅烧磷酸盐、硫酸钾，质量应分别符合附录B中B1和B2的技术要求。

5.2 A级绿色食品的肥料使用原则

5.2.1 必须选用4.2的肥料种类。如4.2的肥料种类不够满足生产需要，允许按5.2.2和5.2.3的要求使用化学肥料(氮、磷、钾)。但禁止使用硝态氮肥

5.2.2 化肥必须与有机肥配合施用，有机氮与无机氮之比不超过1∶1，例如，施优质厩肥1 000 kg加尿素10 kg(厩肥作基肥、尿素可作基肥和追肥用)，对叶菜类最后一次追肥必须在收获前30天进行

5.2.3 化肥也可与有机肥、复合微生物肥配合施用。厩肥1 t，加

尿素 5～10 kg 或磷酸二铵 20 kg,复合微生物肥料 60 kg(底肥作基肥,尿素,磷酸二铵和微生物肥料作基肥和追肥用)。最后一次追肥必须在收获前进行

5.2.4 城市生活垃圾一定要经过无害化处理,质量达到 GB 8172 中 1.1 的技术要求才能使用。每年每亩农田限制用量,黏性土壤不超过 3 000 kg,沙性土壤不超过 2 000 kg

5.2.5 秸秆还田:同 5.1.3 条款,还允许用少量氮素化肥调节碳氮比

5.2.6 其他使用原则,与 5.1.4—5.1.9 的要求相同

## 6 其他规定

6.1 生产绿色食品的农家肥料无论采用何种原料[包括人畜禽粪尿、秸秆、杂草、泥炭等制作堆肥,必须高温发酵,以杀灭各种寄生虫卵和病原菌、杂草种子,使之达到无害化卫生标准(详见附录 A)]。农家肥料,原则上就地生产就地使用。外来农家肥料应确认符合要求后才能使用。商品肥料及新型肥料必须通过国家有关部门的登记认证及生产许可、质量指标应达到国家有关标准的要求

6.2 因施肥造成土壤污染、水源污染,或影响农作物生长、农产品达不到卫生标准时,要停止施用该肥料,并向专门管理机构报告。用其生产的食品也不能继续使用绿色食品标志

**附录 A (标准的附录) A1 高温堆肥卫生标准**

| 编号 | 项目 | 卫生标准及要求 |
|---|---|---|
| 1 | 堆肥温度 | 最高堆温达 50～55℃,持续 5～7 天 |
| 2 | 蛔虫卵死亡率 | 95%～100% |
| 3 | 粪大肠菌值 | $10^{-2}$～$10^{-1}$ |
| 4 | 苍蝇 | 有效地控制苍蝇滋生,肥堆周围没有活的蛆、蛹或新羽化的成蝇 |

A2 沼气发酵肥卫生标准

| 编号 | 项目 | 卫生标准及要求 |
|---|---|---|
| 1 | 密封贮存期 | 30 天以上 |
| 2 | 高温沼气发酵温度 | (53±2)℃持续 2 天 |
| 3 | 寄生虫卵沉降率 | 95%以上 |
| 4 | 血吸虫卵和钩虫卵 | 在使用粪液中不得检出活的血吸虫卵和钩虫卵 |
| 5 | 粪大肠菌值 | 普通沼气发酵 $10^{-4}$，高温沼气发酵 $10^{-1}\sim10^{-2}$ |
| 6 | 蚊子、苍蝇 | 有效地控制蚊蝇滋生，粪液中、粪池的周围无活的蛆蛹或新羽化的成蝇 |
| 7 | 沼气池残渣 | 经无害化处理后方可用作农肥 |

附录 B （标准的附录） B1 煅烧磷酸盐

| 营养成分 | 杂质控制指标 |
|---|---|
| 有效 $P_2O_5 \geqslant 12\%$ | 每含 1% $P_2O_5$ |
| 碱性柠檬酸铵提取 | $As \leqslant 0.004\%$<br>$Cd \leqslant 0.01\%$<br>$Pb \leqslant 0.002\%$ |

B2 硫酸钾

| 营养成分 | 杂质控制指标 |
|---|---|
| $K_2O$ 50% | 每含 1% $K_2O$ |
| 碱性柠檬酸铵提取 | $As \leqslant 0.004\%$<br>$Cl \leqslant 3\%$<br>$H_2SO_4 \leqslant 0.5\%$ |

B3 腐殖酸叶面肥料

| 营养成分 | 杂质控制指标 |
|---|---|
| 腐殖酸≥8.0% | Cd≤0.01% |
| 微量元素≥6.0%<br>(Fe、Mn、Cu、Zn、Mo、B) | As≤0.002%<br>Pb≤0.002% |

# 五、中华人民共和国农业行业标准
# 绿色食品　食品添加剂使用准则

Food additives application guideline for green food production

NY/T 392—2000

中华人民共和国农业部 2000－03－02 发布　　2000－04－01 实施

## 前　言

绿色食品是无污染的安全、优质、营养类食品，合理使用肥料、农药食品添加剂等生产资料是生产绿色食品的重要环节。为了确保绿色食品的质量，实施对生产绿色食品的食品添加剂的质量管理，特制定本标准。本标准是生产绿色食品的生产资料使用系列准则之一。

本标准由中国绿色食品发展中心提出并归口。

本标准主要起草单位：郑州粮食学院。

本标准主要起草人：刘钟栋、郭春敏、王华飞。

## 1　范围

本标准规定了生产 A 级和 AA 级绿色食品所允许使用的食品添加剂的种类、使用范围和最大使用量，以及不应使用的品种。

本标准适用于绿色食品生产过程中所使用的食品添加剂。

## 2 引用标准

下列诸标准的条文,通过在本标准中引用而构成本标准的条文。在标准出版时,所示版本均为有效。所有标准都会被修订,使用本标准的各方应探讨使用下列标准的最新版本的可能性。

GB 2760—1996 食品添加剂使用卫生标准

GB 12493—90 食品添加剂的分类和代码

GB 14880—94 食品营养强化剂使用卫生标准

NY/T 391—2000 绿色食品产地环境技术条件

## 3 定义

本标准采用下列定义。

3.1 绿色食品

系指遵循可持续发展原则,按照特定生产方式生产,经专门机构认定,许可使用绿色食品标志,无污染的安全、优质、营养类食品。

3.2 AA级绿色食品

系指生产产地的环境质量符合 NY/T 391 的要求,生产过程中不使用化学合成的肥料、农药、兽药、饲料添加剂、食品添加剂和其他有害于环境和身体健康的物质,按有机生产方式生产,产品质量符合绿色食品产品标准,经专门机构认定,许可使用AA级绿色食品标志的产品。

3.3 A级绿色食品

系指生产产地的环境符合 NY/T 391 的要求,生产过程中严格按照绿色食品生产资料使用准则和生产操作规程要求,限量使用限定的化学合成生产资料,产品质量符合绿色食品产品标准,经专门机构认定,许可使用A级绿色食品标志的产品。

3.4　AA 级绿色食品生产资料

系指专门机构认定，符合绿色食品生产要求，并正式推荐用于 A 级和 AA 级绿色食品生产的生产资料。

3.5　A 级绿色食品生产资料

系指专门机构认定，符合绿色食品生产要求，并正式推荐用于 A 级绿色食品生产的生产资料。

3.6　天然食品添加剂

3.6.1　以物理方法从天然物中分离出来，经过毒理学评价确认其食用安全的食品添加剂

3.6.2　由人工合成的，其化学结构、性质与天然物质完成相同，经毒理学评价确认其食用安全的食品添加剂

3.7　化学合成添加剂

由人工合成的，其化学结构、性质与天然物质不相同，经毒理学评价确认其食用安全的食品添加剂。

4　生产绿色食品的食品添加剂使用目的与使用原则

4.1　食品添加剂和加工助剂的使用目的

4.1.1　保持与提高产品的营养价值

4.1.2　提高产品的耐贮性和稳定性

4.1.3　改善产品的成分、品质和感观，提高加工性能

4.2　食品添加剂和加工助剂的使用原则

4.2.1　如果不使用添加剂或加工助剂就不能生产出类似的产品

4.2.2　AA 级绿色食品中只允许使用“AA 级绿色食品生产资料”食品添加剂类产品，在此类产品不能满足生产需要的情况下，允许使用 3.6 所述的天然食品添加剂

4.2.3　A 级绿色食品中允许使用 4.2.2 所述产品和“A 级绿色食品生产资料”食品添加剂类产品，在这类产品均不能满足生产需要的情况下，允许使用除 4.2.7 以外的化学合成食品添加剂

4.2.4　所用食品添加剂的产品质量必须符合相应的国家标准、行

业标准

4.2.5 允许使用食品添加剂的使用量应符合 GB 2760—1996、GB 14880—94 的规定

4.2.6 不得对消费者隐瞒绿色食品中所用食品添加剂的性质、成分和使用量

4.2.7 在任何情况下，绿色食品中不得使用下列食品添加剂（见附表 3）。附表 3 中的分类和代码与 GB 12493 相同

**附表 3 生产绿色食品不得使用的食品添加剂**

| 类别 | 食品添加剂名称（代码） |
|---|---|
| 抗结剂 | 亚铁氰化钾（02.001） |
| 抗氧化剂 | 4-己基间苯二酚（04.013） |
| 漂白剂 | 硫磺（05.007） |
| 膨松剂 | 硫酸铝钾（钾明矾）（06.004）<br>硫酸铝铵（铵明矾）（06.005） |
| 着色剂 | 赤藓红（赤藓红铝色淀）（08.003）<br>新红（新红铝色淀）（08.004）<br>二氧化钛（08.001）<br>焦糖色（亚硫酸铵法）（08.109）<br>焦糖色（加氨生产）（08.110） |
| 护色剂 | 硝酸钠（钾）（09.001）<br>亚硝酸钠（钾）（09.002） |
| 乳化剂 | 山梨醇酐单油酸酯（司盘-80）（10.005）<br>山梨醇酐单棕榈酸酯（司盘-40）（10.008）<br>山梨醇酐单月桂酸酯（司盘-20）（10.015）<br>聚氧乙烯山梨醇酐单油酸酯（吐温-80）（10.016）<br>聚氧乙烯（20）-山梨醇酐单月桂酸酯（吐温-20）（10.025）<br>聚氧乙烯（20）-山梨醇酐单棕榈酸酯（吐温-40）（10.026） |

附表 4　生产绿色食品不得使用的食品添加剂

| | |
|---|---|
| 面粉处理剂 | 过氧化苯甲酰(13.001)<br>溴酸钾(13.002) |
| 防腐剂 | 苯甲酸(17.001)<br>苯甲酸钠(17.002)<br>乙氧基喹(17.1010)<br>仲丁胺(17.011)<br>桂醛(17.012)<br>噻苯咪唑(17.018)<br>过氧化氢(或过碳酸钠)(17.020)<br>乙萘酚(17.021)<br>联苯醚(17.022)<br>2-苯基苯酚钠盐(17.023)<br>4-苯基苯酚(17.024)<br>五碳双缩醛(戊二醛)(17.025)<br>十二烷基二甲基溴化胺(新洁尔灭)(17.026)<br>2,4-二氯苯氧乙酸(17.027) |
| 甜味剂 | 糖精钠(19.001)<br>环乙基氨基磺酸钠(甜蜜素)(19.002) |

注:以上所列是目前禁用的食品添加剂品种,该名单将随国家新规定而修订。

# 六、农田灌溉水质标准

附表 5　农田灌溉水质标准　　mg/L

| 序号 | | 水作 | 旱作 | 蔬菜 |
|---|---|---|---|---|
| 1 | 生化需氧量($BOD_r$)≤ | 80 | 150 | 80 |
| 2 | 化学需氧量($COD_{Cr}$)≤ | 200 | 300 | 150 |

续附表 5

| 序号 | | 水作 | 旱作 | 蔬菜 |
| --- | --- | --- | --- | --- |
| 3 | 悬浮物≤ | 150 | 200 | 100 |
| 4 | 阴离子表面活性剂≤ | 5.0 | 8.0 | 5.0 |
| 5 | 凯氏氮≤ | 12 | 30 | 30 |
| 6 | 总磷(以 P 计)≤ | 5.0 | 10 | 10 |
| 7 | 水温(℃)≤ | 35 | | |
| 8 | pH 值≤ | 5.5～8.5 | | |
| 9 | 全盐量≤ | 1 000(非盐碱土地区),2 000(盐碱土地区),有条件的地区可以适当放宽 | | |
| 10 | 氯化物≤ | 250 | | |
| 11 | 硫化物≤ | 1.0 | | |
| 12 | 总汞≤ | 0.001 | | |
| 13 | 总镉≤ | 0.005 | | |
| 14 | 总砷≤ | 0.05 | 0.1 | 0.05 |
| 15 | 铬(六价)≤ | 0.1 | | |
| 16 | 总铅≤ | 0.1 | | |
| 17 | 总铜≤ | 1.0 | | |
| 18 | 总锌≤ | 2.0 | | |
| 19 | 总硒≤ | 0.02 | | |
| 20 | 氟化物≤ | 2.0(高氟区) 3.0(一般地区) | | |
| 21 | 氰化物≤ | 0.5 | | |
| 22 | 石油类≤ | 5.0 | 10 | 1.0 |
| 23 | 挥发酚≤ | 1.0 | | |
| 24 | 苯≤ | 2.5 | | |

续附表 5

| 序号 | | 水作 | 旱作 | 蔬菜 |
|---|---|---|---|---|
| 25 | 三氯乙醛≤ | 1.0 | 0.5 | 0.5 |
| 26 | 丙烯醛≤ | 0.5 | | |
| 27 | 硼≤ | 1.0（对硼敏感作物，如马铃薯、笋瓜、韭菜、洋葱、柑橘等）<br>2.0（对硼耐受性较强的作物，如小麦、玉米、青椒、小白菜、葱等）<br>3.0（对硼耐受性强的作物，如水稻、萝卜、油菜、甘蓝等） | | |
| 28 | 粪大肠菌群数（个/L）≤ | 10 000 | | |
| 29 | 蛔虫卵数（个/L）≤ | 2 | | |

# 参考文献


[1] 罗菊花,黄丹枫.网纹甜瓜温室基质栽培施肥量试验.上海农学院学报,2000,18(1):47-52.

[2] 黄丹枫,程浩,牛庆良,等.无土栽培甜瓜果实发育生理与品质分析.上海农业学报,1998,14(3):51-55.

[3] 蒋卫杰,郑光华,汪浩,等.有机生态型无土栽培技术及其营养生理基础[J],园艺学报,1996,23(2):139-144.

[4] 郭世荣,李式军,程斐,等.有机基质培在蔬菜无土栽培上的应用研究[J],沈阳农业大学学报,2000-02,31(1):89-92.

[5] 郑光华,贾文薇.不同基质对番茄长季节栽培的生长效应,园艺学报,1989,16(1):34-38.

[6] 中国农业科学院郑州果树研究所,等.中国西瓜甜瓜.北京:中国农业出版社,2000.

[7] 全国农业技术推广服务中心.甜瓜周年生产配套技术.北京:中国农业出版社,2001.

[8] 韩世栋,赵一鹏,王广印,等.蔬菜嫁接百问百答.北京:中国农业出版社,2005.

[9] 陈伦寿,等.蔬菜营养与施肥技术.北京:中国农业出版社,2002.

[10] 徐志红,王坚.小西瓜、精品甜瓜棚室栽培.郑州:河南科学技术出版社,2003.

[11] 许方程,章云斐,郑永利.瓜果类蔬菜病虫原色图谱.杭州:浙江科学技术出版社,2005.

[12] 田世平.果蔬产品产后储藏加工与包装技术指南.北京:中国农业出版社,2000.

[13] 陈贵林，等. 蔬菜嫁接育苗彩色图说. 北京：中国农业出版社，1999.

[14] 张文庆. 家庭蔬菜无土栽培 500 问. 北京：中国农业出版社，2003.

[15] 张光明. 绿色食品蔬菜农药使用手册. 北京：中国农业出版社，2002.

[16] 陈年来，等. 甜瓜标准化生产技术. 北京：金盾出版社，2008.

**图书在版编目(CIP)数据**

西瓜甜瓜栽培技术百问百答/农业部农民科技教育培训中心,中央农业广播电视学校组编．—北京:中国农业大学出版社,2009.4

(新型农民培训丛书)

ISBN 978-7-81117-694-0

Ⅰ.西…　Ⅱ.①农…②中…　Ⅲ.①西瓜-蔬果园艺②甜瓜-蔬果园艺　Ⅳ.S65

中国版本图书馆CIP数据核字(2009)第040497号

**书　　名**　西瓜甜瓜栽培技术百问百答

**作　　者**　农业部农民科技教育培训中心<br>中央农业广播电视学校　组编

**策划编辑**　汪春林　赵　中　　**责任编辑**　潘晓丽

**封面设计**　郑　川　　**责任校对**　陈　莹　王晓凤

**出版发行**　中国农业大学出版社

**社　　址**　北京市海淀区圆明园西路2号　　**邮政编码**　100193

**电　　话**　发行部 010-62731190,2620　　读者服务部 010-62732336<br>编辑部 010-62732617,2618　　出　版　部 010-62733440

**网　　址**　http://www.cau.edu.cn/caup　　**e-mail** cbsszs@cau.edu.cn

**经　　销**　新华书店

**印　　刷**　北京时代华都印刷有限公司

**版　　次**　2009年4月第1版　　2009年4月第1次印刷

**规　　格**　850×1 168　32开本　4.75印张　119千字

**印　　数**　1～5 000

**定　　价**　9.00元

凡本版教材出现印刷、装订错误,请向中央农业广播电视学校教材处调换

**联系地址:北京市朝阳区麦子店街20号;电话:010-84904997;邮编100125**

**网址:www.ngx.net.cn**